量子力学

Quantum Mechanics for Juniors

曹则贤 著

少年版

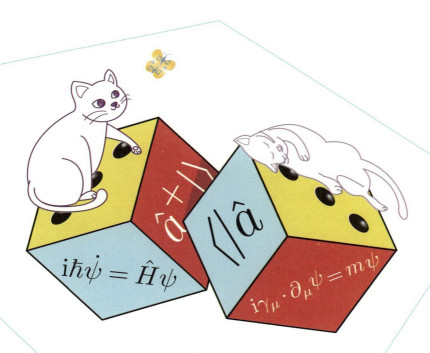

$$i\hbar\dot\psi = \hat{H}\psi$$

$$\hat{a}|n\rangle$$

$$\langle n|\hat{a}$$

$$i\gamma_\mu \cdot \partial_\mu \psi = m\psi$$

中国科学技术大学出版社

内 容 简 介

量子力学与相对论并称近代物理学的两大支柱。量子力学在 20 世纪是天才头脑中的智力风暴,在 21 世纪则必然要化为常识。本书循着量子力学发展的历史脉络,用关键的人物、物理事件与数学思想构筑量子力学的知识体系,引导读者在体会如何创造知识的愉悦中不知不觉地走进量子力学的世界。这是一本科学家为自家少年撰写的严肃的量子力学入门书,其着眼点不止在于量子力学知识体系的介绍,更着重强调量子力学在经典物理的基础上被创建的过程细节。本书适于任何智识阶层的读者修习量子力学。

图书在版编目(CIP)数据

量子力学:少年版/曹则贤著. —合肥:中国科学技术大学出版社,2017.7
(2022.11 重印)

ISBN 978-7-312-04191-4

Ⅰ.量…　Ⅱ.曹…　Ⅲ.量子力学—少年读物　Ⅳ.O413.1-49

中国版本图书馆 CIP 数据核字(2017)第 067033 号

出版	中国科学技术大学出版社
	安徽省合肥市金寨路 96 号,230026
	http://press.ustc.edu.cn
	https://zgkxjsdxcbs.tmall.com
印刷	合肥市宏基印刷有限公司
发行	中国科学技术大学出版社
经销	全国新华书店
开本	710 mm×1000 mm　1/16
印张	10.75
字数	157 千
版次	2017 年 7 月第 1 版
印次	2022 年 11 月第 5 次印刷
印数	16001—22000 册
定价	58.00 元

献给曹逸锋
和所有热爱科学的少年朋友们

大师不缺崇拜，
大师只欠超越！

人类：一种会凭借思考拓展世界的动物

作者序之一

　　亲爱的少年朋友，也许你今年十四五岁，或许还不足十岁，如果你问你的父母或老师量子力学是怎么回事，十有八九他们会告诉你那是一门很艰难、很高深的学问——物理学中最难懂的、最挑战智商的部分。你可能觉得你还没准备好要去理解量子理论。不过，这没什么要紧，很多物理学教授，当然包括作者本人，如果足够坦白的话，对量子理论也是不甚了了。物理学家之不懂量子力学，以及量子力学本身的不完备，都意味着机会——取得伟大进展的机会，我指的是那些可能是留给你的取得伟大进展的机会。通过本书你要记住一些伟大的名字，那些改变了人类认知的伟大事件及其哲学、方法论的背景，那些不同寻常之大脑里的古怪想法。等你长大了，你就能更深入地理解量子力学的内容，一起经历和同步理解未来的激动人心的发现时刻；即使你不想成为物理学家，量子理论训练的思维方式仍然有助于你认识世界。如果你日后能为量子力学添砖加瓦，能把你的名字和那些伟大人物一起印在物理学的史册上，那该是多么激动人心！就像霍金宣称的那样："彭罗斯和我对量子引力理论做过一些贡献。"霍金以残疾之躯都能做到，我亲爱的小朋友，活泼、聪明、健康当然还很上进的你，也许能做得更多、更好。

量子理论的创立者大多都是年纪轻轻的时候就建功立业了的：爱因斯坦（Albert Einstein）1905 年解释光电效应时 26 岁，玻尔（Niels Bohr）1913 年提出原子的行星模型时 28 岁，海森伯（Werner Heisenberg）1925 年构造量子力学的矩阵力学形式时 24 岁，而若尔当（Pascual Jordan）参与矩阵力学的建立时才 23 岁，费米（Enrico Fermi）1926 年得出电子的统计规律时 25 岁，狄拉克（P. A. M. Dirac）1928 年给出电子的相对论量子力学方程时 26 岁。即便是那些在量子力学创立时属于年纪偏大的，岁数也没大到哪里去。玻色（Satyendra Nath Bose）1924 年提出黑体辐射的另一种推导时 30 岁，德布罗意（Louis de Broglie）1924 年提出物质波概念时也才 32 岁，薛定谔（Erwin Schrödinger）1926 年写下著名的薛定谔方程时 39 岁，普朗克（Max Planck）1900 年解决黑体辐射问题时 42 岁，玻恩（Max Born）1926 年给出波函数几率解释时也不过 44 岁。量子力学必用的一个概念叫希尔伯特空间，而希尔伯特（David Hilbert）于 1900 年在巴黎的世界数学家大会上提出著名的数学 23 个问题时也才 38 岁。有道是"自古英雄出少年"，至少就量子力学来说，确实如此。

笔者一直有一个感慨：虽然近几十年来有大批的中国热血青年，特别是在 20 世纪 80 年代前后，受了李政道先生、杨振宁先生事迹的感召投入到物理学的学习与研究中去，为什么中国依然没有出现够分量的物理学家？一个重要的原因是，正如我的一些同事所认识到的那样，我们投入到物理学习上的时间实在是太少了。少年时没书读，年轻时在一些荒唐透顶的课程上无聊地耗费了青春。因为没有合格前辈的指引，一点可怜的物理知识还是自己在黑暗中摸索出来的。及至长大成人，为了养家糊口，为了职称住房，多么不值得的课题也做，忽视了学术研究的基础和规范，甚至有人昧着学术良心，上演了一出出有辱科学精神的闹剧！所幸的是，近年来我们伟大的劳动人民胼手胝足，让中国经济得到了迅猛发展，人民有了饭吃，家庭与国家对教育科研的投入加大了。孩子们不用再为一口饭去看别人的脸色，去做自己不感兴趣的事情（我祈祷，永不！）。当这些让兴趣引导理性人生的少年投入到科学研究中去的时候，当国家的科研投入能让一个立志且有资格做科学家的人有尊严地生存的时候，当中国的科学家也能承受正常的学术批评的时候,中国科学的秋天——收获的季节——就该到来了。

　　促使我下定决心(冒着下岗的危险,忍着坐骨疼)写这本书的原因是:(1)日本作者做了有益的尝试。都筑卓司撰写了《十岁学量子理论》,虽然那是一本更像量子力学简史的东西。(2)我的一些同事都认为应该有一本给中国少年们的量子力学入门书。(3)我的小朋友曹逸锋已经快10岁了。虽然我不知道他将来是否愿意做个物理学家,但如果我能送他一本这样的书,多少能改变我在他心目中窝窝囊囊、碌碌无为的上班族形象。更重要的是,在学习物理的过程中,我常常为那些伟大的发现所震撼,忍不住为那些天才的想法击节叫好。我想,对量子力学最好的赞美方式是让更多的人知道量子力学的美妙。

　　我很忙,这倒不是说我有什么了不得的事情要做。实际上,我一天到晚都在为最实际的需求——一天的三顿饭——忙碌着。我知道,我随时有下岗的可能。但管它呢,下岗就下岗吧,如果能有一本量子力学的入门书,献给广大的、有灵性而又愿意献身科学的中国少年,那也算我在平庸的一生中做过一件有意义的事了。

　　我之所以花了那么多的功夫写这本书,就是因为我相信,亲爱的小朋友,你一定能读懂量子力学。好,一二三,让我们现在开始。Let's go, Yeah!

曹则贤

2005 年 3 月 17 日晨于北京首都国际机场

作者序之二

亲爱的小朋友，欢迎你开始阅读本书。当你打开这本书的时候，你也就推开了一扇厚重的门，门后是神奇的量子世界。

量子力学和相对论是 20 世纪物理学的两大支柱。即使是对于大学物理系的师生和专业的物理学家来说，这两门学科也意味着高深的学问，很少有人宣称精通相对论或量子力学（别打退堂鼓，亲爱的小朋友！我没打算让你立马就精通量子力学）。相对论因为很大程度上是爱因斯坦独立发展起来的，所以带有浓厚的个人英雄主义色彩。相对论也就随着爱因斯坦的名字不断地出现在各种场合，为世人普遍知晓。而量子力学似乎一直居于高高的学术象牙塔中。科学界曾流传有这样的说法：全世界明白量子力学的人不超过 12 个。如果你随便问一个人量子力学到底有哪些内容，很少有人能准确地回答你。

然而，量子力学离我们并不遥远，它的研究成果已经主导了我们的生活。环顾四周，我们到处都能看到量子力学改变我们生活的证据。激光，基于半导体技术的各种电子学、光电子学器件如计算机、太阳能电池、手机等，医用的核磁共振仪，都是在利用量子力学理解物质、改造物质的基础上实现的。对今天的物理学家来说，量子力学应该是基础知识，而不再是高

深的学问。

让非物理专业的人们，尤其是少年朋友们，理解量子力学的基础知识，是许多人的愿望。世界各地的学者为此作了一些非常有益的尝试，却鲜有特别的成功。人物传记，或者故事传说外加玄幻插图，都不足以教会人们量子力学的知识，遑论量子力学式的思考。当然，我们不能指望小朋友去演算特别难的方程，所以我会用少量的方程，而把重点放在介绍量子力学的实验基础、思想逻辑和应用成就上。我将尽可能用小朋友都能听得懂的语言讲述量子力学，并确信许多人在阅读完本书后能激起以后深入了解量子力学的兴趣。整本书读起来更像是故事而不是物理的专业教科书，我一直试图让我的文字像是讲故事、叙述一个事件，而不是冷冰冰地向人灌输高深的学问。当然，我必须提醒大家，用通俗的语言介绍量子力学这样的学问必定有不精确、不到位的地方，因此本书除了解释关于量子力学初步的、直观的知识外，还将用到一些数学——量子力学存在于量子力学理论的方程中。不过，所有的复杂数学内容你都可以跳过，然后接着看下去——把一本看不懂的书看完是一个大学者的基本素养。等以后有了机会和能力，小朋友，你一定要深入地去了解更多量子力学的内容。能记住很多知识是一种本事，能快速将初级的、简化的知识忘掉并用更深刻、更正确的内容替代它们更是一种本事。

我还想对家长们说几句。我写作此书的目的是给孩子准备一份 12 岁生日礼物。今天的 12 岁少年，其见识和智力远超过当年的我们。汉朝末年的水镜先生曾云"卧龙、凤雏，两人得其一者可安天下"，20 世纪 90 年代的时候我曾断言："从现在的小学生里随便挑一个，聪明劲儿能抵他们俩！"如今我更坚信这句话。让孩子们早早接触到像量子力学这样有挑战性的内容对培育孩子的科学素养无疑是有益的。然而，实现这个美好愿望的前提是孩子自己要有兴趣。孩子的兴趣永远是决定孩子培养方向的首要考量。在写作本书的时候，我一直努力想让它显得有趣一些。如果家长们愿意的话，我倒是建议大家能和孩子一起学习一些东西，包括阅读本书。毕竟，能和孩子一起成长进步，是我们做父母的幸福。实际上，我在准备这本书的时候，一直希望它是父母可以和孩子共同研习的。

　　最后说说我自己。我是一个热爱物理却不幸未能成为物理学家的物理学工作者。自我 1982 年入中国科学技术大学物理系修习物理学算起，近三十年的物理学习生涯中，我一直为自己不能很好地理解一些物理概念、不能够早早地建立起正确的物理图像而懊恼不已。所有荒废了的时光都不会重来，但所有的坎坷经历都因时光的宝贵而多少有些价值，如果都丢弃了会觉得可惜。所以，我希望我的文字能更多地照顾到那些像我这样天分不足的人，详细地讲解那些对天才物理学家来说不成为问题的问题。如果有人通过阅读此书建立了对量子力学或多或少的兴趣，甚或由此走向物理学的研究，我将感到由衷的欣慰。

曹则贤

2007 年 1 月 10 日于家中

补 充 说 明

　　一本书有两个作者序，这有点荒唐。不过，我还是坚持把它们都呈现出来。第一篇序言写于 2005 年，第二篇序言写于 2007 年。但是，此刻已是 2016 年春，由于诸多原因，我到此时才写完这本小书。为此，我感到羞愧，为自己的食言，为那些荒废了的时光。我希望，在无端耽误了的过去十年中，我的研究和教学对我理解量子力学能有一点帮助，从而让本书具有更多的学术性和可读性。若果然如此，诚不幸中之万幸。

　　量子力学是人类天才的精神创造，为的是揭示我们存身其中的宇宙的秘密，它同其他学科一样富有艺术性、（创造时的）冒险性和美感。把量子力学描绘成晦涩难懂的、充满怪异符号和复杂公式的、只供科学"怪物"们理解的怪诞臆造物，无疑是一个天大的误会。它不过是人类在过去某个阶段的思想的结晶，不会超过现代人的理解力太远。作为作者，我也不认为任何一门学科非要装出一副拒人于千里之外的架势不可。

　　本书是作者尝试着为少年朋友撰写的第一本书。感谢曹逸锋小朋友详细阅读了本书的初稿，并给出非常中肯的，当然也是毫不留情面的批评（好在我早已习惯了他的批评）。感谢中国科学院科学传播局在本书创作过程中给予的鼓励和资助。

　　由于量子力学本身的博大精深和超直觉的特性，加上我本人对量子力学的理解非常肤浅，本书一定有太多的可訾议处。欢迎所有善意的批评和建议。

曹则贤

2016 年 2 月 6 日

目　录

第 | 章

引 子

1.1 宇宙如棋局

物理学的基本任务是认识这个我们存在于其间的宇宙，包括它的物质构成以及其中事物如何存在和运动变化所应遵循的规律。这是怎样的一项事业呢？著名物理学家费曼（Richard Feynman）在一期名为《发现的乐趣》的访谈中把宇宙比喻成棋局，而物理学家研究宇宙好比是通过对棋盘上发生之现象的观察，逐步辨认出棋子的性质（种类、多少、大小、形状、颜色、味道、质量、电荷、自旋等），并猜出下棋的规则（图 1.1）。这个比喻当然不能完全反映宇宙和关于宇宙之研究的全部事实，但确实是一个非常形象的、深刻的比喻。回忆一下你在很小的时候——也许你还不认识字

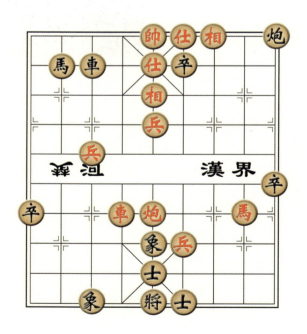

图 1.1 宇宙如棋局，物理学家的工作就是辨认宇宙这盘棋
的物质基础和玩法

呢——刚开始几次看下棋的情形。你很好奇,你看到有不同颜色、标记、数量的棋子,(忽略下棋人的存在)你看到棋子忽而走到这儿,忽而又走到那儿。你觉得很有趣,也感到很困惑:这些棋子叫什么名字? 各有几个? 它们是如何移动位置的? 是按照什么样的策略决定应该这么走而不是那么走的呢? 如果没人来教你,而且你还保持着足够的好奇心的话,这些问题就会一直困扰着你。等到你看了足够多、思考了足够多以后,你会慢慢发现,这是一个两人的游戏,双方各有一将(帅)、一对士相(象)车马炮和五个小卒,马走日字象飞田,车走直线炮翻山,等等,于是你就猜透了这中国象棋的游戏玩法。人类中的物理学家理解宇宙的努力,大致也是这样的过程。

　　量子理论诞生于 20 世纪初。它的发展过程,像极了费曼描述的通过观察棋盘上的现象从而得出游戏规则的努力。当然,量子物理学家们开始时观察的不是棋盘,而是发光现象。对,就是来自天空的星光还有炉膛里的火光。要探究的规则当然包括发光的规则,但绝不仅仅局限于此。量子力学的发展,其所触及的和产出的,都远远超出物理学家们当初的想象。量子力学和相对论并称当代物理学的两大支柱,它们不仅是物理学家们的智力游戏,还彻底地改变了人类的生活方式。

　　此时此刻,量子力学对于你不再是一片黑暗。你看那远方,有一丝亮光在向你发出召唤。请跟随本书,循着这亮光,开始理解量子力学。

1.2　绚丽的光谱

　　大约是 1665 年的某一天,伟大的牛顿(Isaac Newton)得到了一块棱镜。在一个阳光灿烂的日子,牛顿置身于剑桥大学一间拉上窗帘的屋子里,向着一束自窗帘的破洞射入的阳光举起了他的棱镜。奇迹发生了,白色的阳光经过棱镜后,在对面的墙上映出了绚丽的光带——按着红橙黄绿蓝靛紫的顺序(图 1.2)。牛顿在 1671 年把这个现象命名为光谱

（spectrum，和 spectre——幻影、幽灵有关），这可是歌德用来描述幽灵般的影像残留的一个词。想想看吧，本来似乎是白色的阳光，经过透明的棱镜，竟然变出了彩虹色，实在是透着诡异。彩虹，那可是天上的景象。

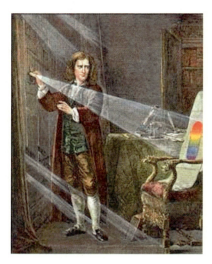

图 1.2　牛顿把棱镜放到阳光经过的路上，看到了绚丽的光谱

看到了光谱的牛顿继续展示他的聪明。他让光谱落到一块有缝的木板上，这样就只有一种颜色（比如绿色）的光通过木板缝。让这绿色的光通过另一个棱镜，绿光仍然是绿光。但如果把所有颜色的光带都通过一个倒过来的、同样的棱镜，这些彩色的光带又聚集到了一起，呈现出原来的白色。这两个实验的结果说明什么？它们说明阳光里混合着不同颜色的光——那些彩色的光就藏在阳光的白色中。

关于阳光的另一个重大秘密，也将很快被揭晓。

1814 年，德国，巴伐利亚，一家光学器件公司里，年轻的夫琅禾费（Joseph von Fraunhofer）那时已是磨制玻璃镜片的高手。公司里有的是磨制好的棱镜，估计比牛顿手里的棱镜要大而且有更高的光洁度。阳光经过夫琅和费的棱镜被分解成更宽大、更清晰的光带，从而泄露了一个重要的秘密：光带上看似不规则地布满了或粗或细的暗条纹（图 1.3）。也就是说，在太阳光谱的一些特定位置上,阳光是特别弱的或者是缺失的。怎么回事?夫琅禾费弄不明白这些暗线是怎么回事,但他做了一项了不起的工作。他测定了太阳光谱里所有576条暗线的波长,并作了标记。这些暗线条也就被命名为夫琅禾费线。

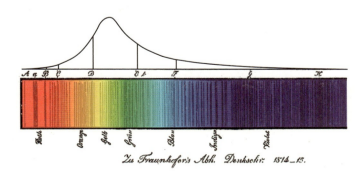

图1.3　太阳光谱照片,明亮的背景上布满密密麻麻的暗线。底下的一行德文为"交夫琅禾费处理。多谢。1814—1815"

　　差不多45年后,德国科学家基尔霍夫(Gustav Kirchhoff)和本生(Robert Bunsen)发现一些夫琅禾费线同某些元素的发射线(亮线)位置是重合的,从而判定太阳光谱上的暗线是阳光在传播路径上被吸收造成的。也就是说,如果一个元素能发射某些特定波长的光,也就一定会吸收那些特定波长的光。这个事实后来在发展量子力学的过程中起到过重要的作用。这个事实还告诉我们,既然元素会发射或吸收特定波长的光,则光谱线可以用来作元素分析。今天我们能够知道遥远星体的构成,比如太阳几乎是仅由氢和氦两种元素构成的,就是凭借光谱分析得到的。

　　物体在高温时会发光,这一点我们的老祖宗早就注意到了。不同的东西燃烧,可能会表现出不同的颜色,这是由燃烧物质中的元素决定的。比如,用铁丝蘸上盐水在火苗上烧,火焰发黄,这是因为钠元素(食盐是氯化钠)会发射出强烈的黄光(今天我们知道是波长分别为5889.9 Å和5895.9 Å的双线)。到了19世纪,确切地说是在1860年前后,由于玻璃制造技术的进步,人们已经能很容易地用棱镜分辨出挨得很近的谱线了。那么,面对如图1.4那样的光谱,你觉得它们有什么特征需要好好研究的呢?

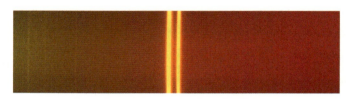

图 1.4 钠的黄色双线

（很不）容易想到，以下几个方面的光谱特征是需要研究理解的：1）谱线的位置，2）谱线的相对强度，以及3）谱线的宽度。谱线的位置即波长或者频率（它们俩成反比关系），为什么某个元素只发射一些特定波长的谱线呢？这后两点可概括如下：为什么同样条件下一个元素的光谱线有强弱、宽窄的区别？后来我们还会发现第四个光谱特征：把发射体置于电场或者磁场中，其发射的光谱线会发生不同方式的分裂。我们会看到，就是为了回答上述问题的努力，主导了初期量子力学的发展。

发光谱线的位置、强弱、宽窄，以及在电磁场中如何分裂，这四个发光的特征是由什么样的物理决定的呢？带着这个疑问，让我们踏上量子力学的学习之旅。

1.3　黑体辐射——从电灯到光量子

人类害怕黑暗。我们的祖先从野火中得到启发，慢慢学会了用火把照明，以后又有了油灯和汽灯。1879 年，伟大的发明家爱迪生（Thomas Alva Edison）成功地使用炭丝和钨丝制作出了长寿命的白炽灯，人类从此进入了电灯照明的时代。

用过白炽灯的人都知道，白炽灯要发光，先要给灯丝加热，大量的能量都以热能的形式浪费了——灯泡一会儿就能变得烫手。那么，怎样让电灯多发（特定波长的）光少发热呢？那就需要好好研究发光和发热的关系了。人们注意到，温度低的时候越是黑的东西，温度高的时候就越亮。那就研究很黑很黑的东西之发光与发热的关系好了。于是，黑体——把所有照到其上的光都吸收的物体——辐射①就成了科学家们关切的问题了。

　　实验物理学家测量了黑体在不同温度下处于热平衡时能量密度相对其中光的波长（或者频率）的分布，得到了图 1.5 中那样的分布。我们看到，对于每一个温度，曲线都是单峰结构的，从零波长时的强度为零，上升到一个最大值，然后强度又随着波长的增大而减弱，直至为零。如果研究峰值处的波长同温度的关系，会发现峰值对应的波长和温度成反比，这算一个物理定律。如果研究每条曲线下面的面积同温度的关系，会发现面积和温度的四次方成正比，这又算一个物理定律。可这些物理定律算哪门子的物理定律呢？如果能给出这些曲线的函数的话，这两条定律就都包括在里面了。19 世纪最后的几年，许多人尝试着给出这些曲线的函数，但是都没有成功。

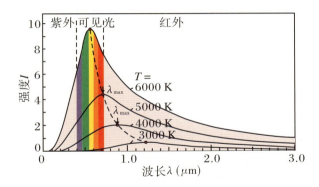

图 1.5　不同温度下平衡时黑体中的光强度同波长的关系

　　1900 年，德国柏林，研究热力学的普朗克（Max Planck）教授从熵与内能②的关系——一个他 虚构的 熵与内能的关系——出发，导出了黑腔中能量密度与温度 T 以及光的频率（用 ν 表示，与波长成反比）之间的关系：

---

① 　实际上，黑体辐射讨论的是空腔里辐射的热平衡问题，德语名为 Hohlraumstrahlung。我总觉得，黑体的模型来自壁炉。

② 　熵，entropy，热力学中的一个物理量。熵是最难理解的物理学概念。熵同体积一样，是广延量，具有可加性。熵 S 同一个体系之宏观状态所允许的微观状态数 W 之间的关系由玻尔兹曼公式表达：$S = k \log W$，其中 k 是玻尔兹曼常数。内能 U 也是热力学概念。对于一个简单的热力学体系，内能与温度 T、熵 S、压强 p 和体积 V 通过下式相联系：$\mathrm{d}U = T\mathrm{d}S - p\mathrm{d}V$。

$$e_\nu = \frac{4\nu^2}{c^2} \frac{h\nu}{\exp(h\nu/kT) - 1} \qquad (1.1)$$

其中 c 是光速，k 是玻尔兹曼常数[①]。这个表达式恰好就是图 1.5 中那些曲线的方程，从实验数据容易算出 $h \sim 6.63 \times 10^{-34}$ 焦耳·秒（后来这个常数就被称为普朗克常数。记住，普朗克常数 h 是量子力学的标志性符号！）。但是，如何自圆其说呢？毕竟作为出发点的熵与内能的关系是虚构的。后来，普朗克发现，如果假设黑腔中频率为 ν 的能量不是一个整体，而是分成一份一份的，每一份的能量为 $h\nu$，那么平衡态时对应频率 ν 的能量 U_ν 的状态问题，就变成了把 p 个小球，$p = U_\nu/h\nu$，放到 N 个盒子里共有多少种方式的数学问题，由此也可以推导出公式(1.1)。问题是，频率为 ν 的光的能量，真是分成一份一份的吗？这怎么理解？能量不是一直是个很抽象的、连续的量吗？

普朗克被他自己引入的思想给弄懵了！

必须指出，普朗克把能量分成一份一份的，从而把一个体系的热力学平衡态的问题转化成求 p 个小球放到 N 个盒子里共有多少种方式的数学问题，这套把戏是玻尔兹曼（Ludwig Boltzmann）在 1877 年首次引入的。玻尔兹曼通过假设理想气体分子的动能（$E_{kin} = \frac{1}{2}mv^2$）是一份一份的，且平衡态对应状态数最大的状态，得出了给定温度下动能为 E_{kin} 的分子数正比于函数 $e^{-E_{kin}/kT}$ 的结论，这就是热力学和统计物理中著名的麦克斯韦-玻尔兹曼分布，其中的常数 k，玻尔兹曼常数，就是这么引入物理学的。但是，玻尔兹曼在得到这个分布函数的后半段推导中，又回过头来把能量当成连续的物理量加以处理。能量是连续的，在 19 世纪与 20 世纪之交的那个年代，是物理学家头脑中根深蒂固的观念。

打破这个顽固的观念，还需要更加猛烈的冲击。

---

① 物理学家后来会给这个公式再添加一个 2 倍因子。

1.4 能量量子——光电效应与固体比热

1877年，玻尔兹曼假设气体分子动能是一份一份的，从而得到了玻尔兹曼分布：给定温度下气体的分子数随动能或运动速率的分布。1900年，普朗克假设光的能量是一份一份的，且每份能量与光的频率成正比，从而得到了黑体辐射的分布函数。这两项成果在物理学史上都是里程碑式的，但是对于玻尔兹曼和普朗克来说，假设能量是一份一份的只是权宜之计，是数学技巧，不可当真的。普朗克还试图努力地维护能量连续性的观点，他因此被称为"违背自己意志的革命家"[①]。

但是，更多的现象指向能量是分立的现实。

在电灯被发明以后，关于电的研究慢慢指向电子的存在。1887年，赫兹(Heinrich Hertz)发现如果用紫外光照射金属电极，则在两电极之间产生火花会容易些。1897年，汤姆孙(J. J. Thomson)对阴极射线的研究确立了电子作为带电粒子的存在——阴极射线就是电子，这样赫兹观察到的现象可以理解为紫外光自金属中轰击出了电子，而电子在电极之间加速引起了火花。如果在被光照射到的电极和对面的电极之间加上一个正向电压，即被照射电极为阴极，则电子被加速到对面电极，在电路中能测量到一定的电流。如果施加一个反向电压，即对面的电极为阴极，则该电压足够大时被轰击出来的电子都不能到达对面的电极，这样在电路中就不能测量到电流了(图1.6)。用这个方法可以确定电子刚刚被光轰击出来时的最大动能。研究发现，对于特定的金属，被轰击出来的电子，称为光电子，其最大动能只和光的频率(或者波长)有关。若光的频率低到一定程度，则不

---

① 2008年普朗克诞辰150周年，纪念活动的主题就是 Max Planck—Revolutionär wider Willen(马克斯·普朗克——违背自己意志的革命家)。

管光有多强①,都不会有光电子出来——确切地说就是靠增加有限的光强,不会使得光具有轰击出光电子的能力。也就是说,光轰击出光电子的能力,依赖于光的频率而不是光强,这又和那时人们关于光的认识矛盾——难道光不是越强烈越有效果的吗?

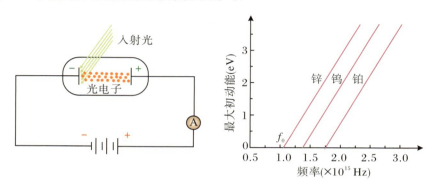

图 1.6 光电效应实验示意图和实验结果

　　光电效应的实验结果困扰着当时的物理学家。1905 年,年轻的无名小卒爱因斯坦迎来了他的奇迹年。这一年他除了发表了狭义相对论,给出了那个著名的质能公式 $E = mc^2$,另一项伟大的工作就是给出了光电效应的解释:若光的能量是一份一份的,每一份的能量是 $h\nu$(这些是普朗克 1900 年的假设),且电子只能吸收整份的能量(这是爱因斯坦的假设),从而挣脱金属对电子的束缚(所需能量专业术语叫逸出功或功函数,φ),则整个光电效应就好理解了。当光的频率足够低时,$h\nu < \varphi$,虽然有很多这样的光的能量单元,现在可以称呼它们为能量量子,但是依然无法把一个电子打出来。爱因斯坦的这项工作确实具有重要的、特别的意义,实际上,爱因斯坦获得 1921 年度的诺贝尔物理学奖就是因为他对光电效应的解释。

　　等一下,你可能会问,光的能量分成 $h\nu$ 大小的一份一份的,那不是五年前普朗克提出的吗? 上面的对光电效应的解释足以让人获得诺贝尔奖? 喔,问题是普朗克不太敢相信能量是分成一份一份的,而爱因斯坦勇敢地接受了这样的颇具革命性的观点并往前走了一步,给了光电效应一个非常

---

① 当然不是这样。如果光的强度足够强,连金属里的离子实都能轰击出来。此处讨论的情形,光强度依今天的标准实际上是很弱的。

合理的解释。这就是见识(insight),物理学的见识,这可不是什么人都有的。实际上,爱因斯坦的光电效应开启了对光之本性的全新认识。更多的故事还在后面。

除了光辐射现象以外,对固体比热的正确解释也需要引入能量量子的概念。比热,即单位量的物质温度每改变一度所吸收或者放出的热量,反映的是物质储存热量的能力。水的比热奇高,在室温附近水的比热约为4.18焦/(克·度)。高温天气,水会在白天吸收大量的热量,晚上再慢慢地释放,这就是长江流域的城市夏日夜间也酷热难耐的原因。

物质的比热随温度 T 的变化而改变。在极低的温度下,那时物质一般以固体的状态存在,物质的比热按照经典力学的理论应该是个常数,可是实验发现当温度足够低时固体比热迅速下降到接近于零,大致上正比于 T^3。1907年,爱因斯坦假设固体以单一频率 ν 振动,其可能取的能量值是能量量子 $h\nu$ 的整数倍,这样根据玻尔兹曼统计,可以推得固体比热随温度下降以指数函数的形式趋近于零。虽然这和实验所得的结果依然不符合,但是它允许比热接近于零,这已是往正确的方向上迈出了一大步。1912年,德拜(Peter Debye,1884—1966)在爱因斯坦模型的基础上进一步假设固体有很多不同的能量量子,由此得到了比热正比于 T^3 的固体比热模型。爱因斯坦模型和德拜模型对固体比热的正确解释,将能量量子的概念推到了物理学的舞台中央。

20世纪刚开始的前几年,人类已经把脚迈入了量子世界的大门,更激动人心的发现马上就要登场。

1.5 康普顿效应

一束光照射到物体上,除了传播方向会被改变以外,光的波长也可能变化(图 1.7)。1923年,美国物理学家康普顿(Arthur Holly Compton,1892—1962)假设光具有粒子性,频率为 ν 的光不仅其能量量子为 $h\nu$,且有

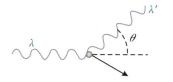

图 1.7　光粒子同电子碰撞后，在不同偏折方向上波长会有不同程度的改变

确定的动量 $h\nu/c$。运用能量守恒和动量守恒，康普顿导出光与电子碰撞后，其波长的改变 $\lambda' - \lambda$ 与光的偏折角度 θ 之间的关系为 $\lambda' - \lambda = \dfrac{h}{m_e c}(1 - \cos\theta)$，其中 m_e 是电子的质量。这个公式很好地解释了用能量量子为 17 keV 的 X 射线照射固体（散射主要是由电子造成的）所得到的散射实验结果[①]。凭借这个工作，康普顿获得了 1927 年度的诺贝尔物理奖。

康普顿的工作对于确立光量子性质具有重要的意义。同普朗克和爱因斯坦的工作相比（那里只用到了光能量量子的假设），康普顿的工作又前进了一步，它假定光能量量子还对应确定的动量，这促进了对光的粒子性的认识。1926 年，化学家刘易斯（Gilbert Newton Lewis，1875—1946）造出了"光子（photon）"一词。光子是光的量子（light quantum）。

光同带电粒子碰撞损失能量从而引起波长增加的现象被称为康普顿效应。其实，碰撞并不必然以光损失能量而告终，光也可以通过碰撞从带电粒子那里获得能量，这种过程被称为反康普顿效应。利用反康普顿效应，可以获得一些不易通过其他过程产生的光波段，比如 THz（10^{12} Hz）的光辐射。

1.6　弗兰克-赫兹实验

1914 年，弗兰克（James Franck）和赫兹（Gustav Hertz）做了著名的弗兰克-赫兹实验（图 1.8）。在该实验装置中，电子束由一个独立的电子枪提供，穿过阴极（接地）中间的孔被加速到达阳极，电极中间充满了汞（元素

---

① 电子被电场散射，光被电荷散射，而中子被磁矩散射。

符号 Hg)蒸气。从测量到的 $I\text{-}V$ 曲线可以看出,随着电压 V 的增大,电流 I 表现为逐级抬升的峰形。电流抬升,说明到达阳极的自由电子数增多,这多出的自由电子只能来自汞原子,是被高能量电子轰击出来的。注意,电流呈逐级抬升的峰形,相邻两个峰位之间的电压始终差 4.9 V,也就是说自由电子的能量每多 4.9 eV 就能从原子中多轰击出一拨电子来。合理的解释是,汞原子中结合最弱的电子,其能量比真空能级低 4.9 eV,即只需 4.9 eV 的能量就能将它们释放出去。弗兰克－赫兹实验,愚以为也该当成量子力学史上的重要标志,因为它告诉我们原子中电子的能量确实是量子化的(分立的)。该工作让弗兰克和赫兹获得了 1925 年度的诺贝尔物理学奖。

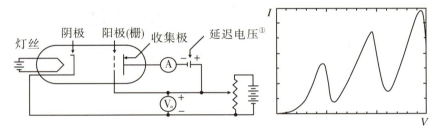

图 1.8　弗兰克－赫兹实验装置和测得的 $I\text{-}V$ 曲线

1.7　巴尔末老师的数字游戏

　　氢是第一号元素,也是宇宙的第一构成要素。氢原子的原子核只是一个质子,外层只有一个电子,这是一个简单得不能再简单的原子。氢气大量存在于空气中。由于氢原子的质量小,振动剧烈,氢气是倒数第二个被

---

① 　延迟电压,retarding voltage,因为电子因该电压被减速从而延迟了到达收集极的时间而得名。有文献把 retarding voltage 译成减速电压,属于自作主张。

液化的气体（1898 年被液化），液化温度为 20.28 K[①]，仅高于氦气（1908 年被液化）的 4.2 K。将气体液化后再气化，很容易获得纯净的气体样品，因为不同气体的液化条件有很大的差异。利用液化的方式获得了高纯的氢气，就能获得纯粹的氢原子的发射光谱。图 1.9 是如今人们得到的氢原子光谱的全貌，但在 19 世纪，仅凭肉眼人们只能分辨出四条分立的谱线外加一条模糊的光带；第五条分立的谱线离光带很近且颜色接近紫外，不易看出来（图 1.10）。这分立的四条谱线的波长分别为 6562.10 Å（红色），4860.74 Å（绿色），4340.10 Å（蓝色）和 4101.2 Å（紫色）。正是从这四条谱线上，人们找到了理解原子光谱的突破口。

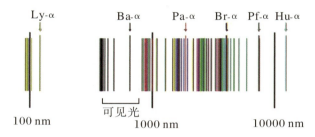

图 1.9　氢原子的发射光谱。在可见光部分（黑色）有五条分立的谱线外加一条模糊的光带

图 1.10　现代光谱学获得的氢原子在可见光范围的光谱，可以清晰地看到五条谱线（眼神好的能看到六条）

1885 年，瑞士小城巴塞尔，一位 60 岁的中学老师巴尔末（Johann Balmer）盯着这几条谱线的波长值陷入了沉思。似乎是灵光一现，他发现如果引入一个常数值 $b = 3645.6$ Å，则这四个波长近似地是这个常数 b 的 9/5，4/3，25/21 和 9/8 倍。这四个分数可以写成 $3^2/(3^2 - 2^2)$，$4^2/(4^2 - 2^2)$，$5^2/(5^2 - 2^2)$，$6^2/(6^2 - 2^2)$。嘿，它们是有规律的，是公式

---

① 绝对温度符号 K 是 Kelvin 的缩写。绝对温标和摄氏温标之间只相差一个常数，摄氏温标的 0 ℃ 对应绝对温标的 273.15 K。绝对温标只有一个参考点，即水的三相点，定为 273.16 K。

$n^2/(n^2 - 2^2)$ 的 $n = 3,4,5,6$ 这四项。下一个谱线应该是在波长为 $b \cdot 7^2/(7^2 - 2^2) = 3969.6 \ \text{Å}$ 的地方吧？实验学家仔细地观察了氢原子的光谱，果然发现有第五条谱线就在那个地方（图 1.10）。当然了，如果光谱仪分辨本领够好的话，会发现有更多条波长为 $b \cdot n^2/(n^2 - 2^2)$ 的谱线（它们现在被统称为巴尔末线系），随着 n 值的增大，波长趋于 $3645.6 \ \text{Å}$。太密了，那些光谱线挤在一起，形成了一个宽的带（见图 1.9 中用可见光标识的部分）。

现在换个角度看巴尔末老师的公式，会发现波数，就是波长的倒数，可以表示为 $\tilde{\nu}_B = R\left(\dfrac{1}{2^2} - \dfrac{1}{n^2}\right)$，$n = 3,4,5,\cdots$，其中的 $R \approx 10973731 \ \text{m}^{-1}$ 被称为里德堡常数，是以瑞士物理学家里德堡（Johannes Rydberg，1854—1919）的名字命名的。仔细看看这个公式：$\tilde{\nu}_B = R\left(\dfrac{1}{2^2} - \dfrac{1}{n^2}\right)$，$n = 3,4,5,\cdots$，它意味着什么呢？把这个公式扩展成更一般的形式[①]：

$$\tilde{\nu} = R\left(\frac{1}{m^2} - \frac{1}{n^2}\right) \tag{1.2}$$

那么是不是对于所有的 $m = 1,2,3,\cdots$，$n = m+1, m+2, m+3, \cdots$，都有对应的谱线呢？实验观测发现，果然有。人们现在把 $m = 1, n = 2,3,4,5,\cdots$ 对应的所有谱线称为莱曼（Theodore Lyman）线系；$m = 3, n = 4,5,6,7,\cdots$ 对应的所有谱线称为帕邢（Friedrich Paschen，1865—1947）线系，等等。好吧，现在关于氢原子的发光谱线我们有了一个神奇的公式。为什么会是这样的一个神奇公式？从这个公式我们能看出来什么？不知道。科学家们在思索，问题的答案在别处的黑暗中孕育着。

---

① 朋友们请留心，科学有时候就是这么做出来的。

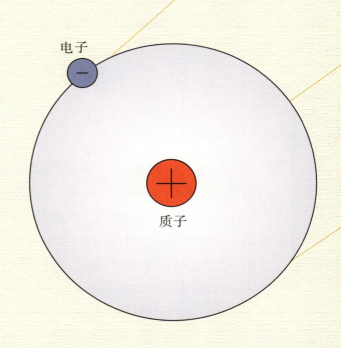

电子

质子

第 2 章

氢原子模型与旧量子力学

现代物理的许多内容都发生在氢原子身上。氢原子是现代物理的罗塞塔石碑，它包含足够多的宇宙秘密，且可能是最容易被破解的。碰巧的是，破解罗塞塔石碑上文字的大语言学家也是物理学家，他就是研究光的干涉现象的杨（Thomas Young，1773—1829）。

2.1 原子结构

早在两千多年前的古希腊，人们就有了原子的概念，认为物质是由不可再分割的原子（atom）①组成的。最早的原子是个纯几何的概念，不同形状的原子构成了不同的物质。随着人们对物质世界认识的深入，人们发现物质之间是可以转换的，原子的形象在 19 世纪上半叶变成了小圆球外加不同数量的触手或者钩子，触手决定了原子之间结合的方式。到了 1838 年，英国科学家莱明（Richard Laming，1798—1879）就推测原子中有携带电的小东西，可以解释原子的化学性质。等到电子被发现以后，人们确信原子不是不可分的了，而是其中存在着电子的；原子整体上又是电中性的，因此原子中还必须包含带正电的部分。1906 年，汤姆孙（Joseph John Thomson，1856—1940）提出了原子的李子布丁模型（plum pudding model）：带负电的电子像李子嵌在布丁中一样分布在正电荷的背景上。1907 年，卢瑟福（Ernst Rutherford，1871—1937）用 α 粒子，即氦原子核，轰击金箔，发现有相当数量的 α 粒子会被散射回来，说明带正电的 α 粒子受到了强烈的排斥。基于此，卢瑟福构造了新的原子核模型：原子所有的正电荷以及大部分质量都集中在一个小的核心上，带负电的电子围绕原子核运动（图 2.1）。

按照卢瑟福的原子模型，原子中心是几乎没有大小但是集中了所有正

---

① Atom，来自希腊语 ἄτομος，意思是"不可分割的"。它在不同时期的文献中有不同的含义。现代意义上原子核＋核外电子构成的 atom 当然是可以分割的，但在化学的意义上它仍是不可分割的。

电荷的原子核,外部是带负电的电子。具体到最简单的氢原子,它的结构应该是这样的(图2.2):中间有一个带单位正电荷的原子核,实际上就是一个质子,外面有一个电子,质子质量是电子质量的1836倍。

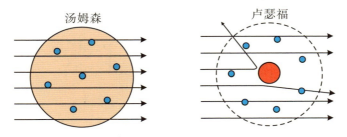

图2.1　原子的汤姆孙模型与卢瑟福模型。在卢瑟福给出的原子结构中,外来电荷(带箭头的线)有被大角度散射回去的可能

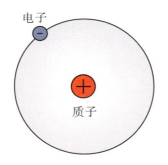

图2.2　氢原子模型:中间是由一个质子组成的原子核,核外有一个电子

　　但是,电子到底是怎样绕原子核运动的呢? 电子,或者电子的运动,和原子的发光有什么关系?

2.2　氢原子的发光与电子跃迁

　　巴尔末老师于1885年得到的描述氢在可见光范围四条谱线波长的公式,$b \cdot n^2/(n^2 - 2^2)$,在接下来的几年里被里德堡和里兹(Walter Ritz,

1878—1909）改造成了公式 $\frac{1}{\lambda} = R\left(\frac{1}{2^2} - \frac{1}{n^2}\right)$，并进一步被推广为 $\tilde{\nu} = R\left(\frac{1}{m^2} - \frac{1}{n^2}\right)$，$m = 1, 2, 3, \cdots$，$n = m+1, m+2, m+3, \cdots$。这个公式告诉我们氢原子还会发射别的谱线，而且它还准确地引导人们认识到一个实验测量到的古怪线系其实是来自氦离子 He^+ ——它和氢原子一样只有一个电子，不同的是它的原子核包含两个质子和两个中子。那么，公式 $\tilde{\nu} = R\left(\frac{1}{m^2} - \frac{1}{n^2}\right)$ 能告诉人们更多的关于自然的奥秘吗？

让我们来端详端详这个公式[①]。首先，它的右侧包含两项，说明原子发光过程牵扯到两个对象；其次，这两项由减号连接，这要求它们一定对应同一个物理性质的不同状态，且两者的落差决定发光的波长特征；最后一点，这个物理性质的数值要正比于整数平方的倒数。如果我们能找到一个模型，且其满足上述三个要求的话，说不定能解释氢原子的发光。

还记得此前普朗克和爱因斯坦已经确立了光能量量子的概念吗？此能量量子正比于光的频率，$\varepsilon = h\nu$。把前述里德堡－里兹（Rydberg-Ritz）公式改写为

$$h\nu = E_0\left(\frac{1}{m^2} - \frac{1}{n^2}\right) \tag{2.1}$$

一切都变得豁然开朗了。氢原子里只有电子和质子，变化的是电子相对于质子的运动。如果电子的能量是个正比于整数平方倒数的量，电子从一个较高能量的状态跳跃（jump）到一个较低能量的状态，因为能量要守恒，假设能量差对应发射光的能量量子，则氢原子光谱的特征就能得到解释。1913 年，年轻的丹麦人玻尔（Niels Bohr）就是这么想的。不过，从一个状态跳到另一个状态，能量要守恒，这很好理解。而电子从能量高的状态跳到能量低的地方为什么要发光？这个问题太难，我们暂且撇到一旁不理。眼前亟需说明的是，氢原子中电子的能量为什么正比于整数平方的倒数呢？

---

① 一个物理学家要学会勘破数学公式里的奥秘。此外，请注意许多公式的数学表达也许是对的，但从物理的角度来看那样的表达也许是不正确的。物理学中的数学公式携带物理图像。

2.3　原子的行星模型

为了回答氢原子中电子的能量为什么是正比于整数平方倒数的问题,首先要熟悉类似质子 - 电子这种两体吸引问题的运动状态同相关物理量之间的关系。幸运的是,行星绕太阳运动此一经典力学问题在 20 世纪初已经被深入研究,从开普勒(Johannes Kepler,1571—1630)行星运动三定律可以得到一些粗略的了解。开普勒第一定律宣称,行星的轨道是以太阳为焦点之一的椭圆轨道。实际上,取决于体系的能量,一个物体被另一个物体通过万有引力吸引,运动轨道可以是双曲线、抛物线、椭圆、圆、直线和点(即两者粘到一起)等情形。行星绕太阳沿椭圆轨道运行是特例。椭圆可以退化成圆,我们地球的轨道就近似是个圆形。开普勒第二定律宣称,行星与太阳的连线在单位时间内扫过的面积相等,这用物理术语来说就是行星轨道的角动量守恒(图 2.3)。玻尔将氢原子类比于太阳 - 行星体系:电子是行星,沿一定的轨道绕着质子运动。不同于太阳 - 行星体系,那里的能量是连续的,玻尔要找出理由让电子的能量是分立的且正比于整数平方的倒数。这相当于要对体系的能量强加一个严苛的限制。

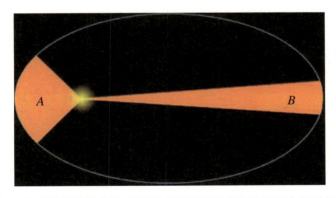

图 2.3　开普勒第二定律:行星与太阳的连线在单位时间内扫过相同
　　　　的面积

在关于行星运动的经典力学中，描述行星运动的物理量就是能量和角动量。如果要为把能量限制到一些分立的、正比于整数平方倒数的数值上找个理由的话，那就只能到角动量上去找。碰巧的是，角动量和普朗克常数 h 具有相同的量纲，它们之间允许用简单的数字联系起来。玻尔做了一个大胆的假设：氢原子中的电子绕原子核的轨道如同行星轨道那样，被限制在一个平面内且借助静电力作匀速圆周运动，满足条件

$$\oint p\mathrm{d}x = nh \qquad\qquad (2.2)$$

其中左边积分为轨道的角动量×2π，n 是个正整数。公式(2.2)的意思是说电子运动的角动量只能是 $\hbar$（$\hbar = h/2\pi$）的整数倍，由此可得其能量为 $E_n = -E_0/n^2$，其中 $E_0 = 13.6$ eV。这正是要找的能量表达式。此外玻尔还假设电子在轨道上运动时，虽然是加速的，但不会像经典电动力学宣称的那样总是在辐射光，而是只在从一个轨道跃迁到另一个轨道时才会发生辐射。这些假设放到一起，可以完美地再现氢原子的光谱。太神奇了。

玻尔模型中的假设是值得商榷的。首先，在轨道上加速运动的电子为什么不辐射能量呢？对这个问题，可以这样认识。如果电子按照经典电动力学的说法因为加速运动一直辐射光，它就会迅速失去能量。那样的话，电子一瞬间就会落入原子核，世界上根本就没有稳定的原子了。可是，氢气呀，氧气呀，它们的原子可都是很稳定的呀。因此，我们可以认为在原子中处于固定能级上的电子就是不产生辐射。此外，还有一个不容回避的疑问，有什么理由要求电子轨道的角动量一定是普朗克常数的整数倍呢？再者说啦，电子会像行星那样局限在一个平面内运动吗？物理模型在解决一些问题的同时总会带来新的问题。

2.4 量子化方案

玻尔的模型引入了一个整数 n，它是假设电子可以取的角动量的数值（以 $\hbar$ 为基本单位），由此得到的氢原子中电子的能量正比于 $1/n^2$。这样的标记物理量只能取某些分立数值的整数，后来被称为量子数（quantum number）。这儿引入的整数 n，是关于原子世界的第一个量子数。公式（2.2）中那样的条件，就称为量子化条件。玻尔关于氢原子模型的量子化可表述如下：若电子的类行星轨道之角动量为 $L = n\hbar$，则对应的能量为 $E_n = -E_0/n^2$。这里，量子化的角动量和能量里面出现的是同一个量子数 n。后来，我们知道这是错的，角动量应该涉及另一个量子数。物理学上所谓的正确解释，有时不过是巧合罢了。完美地解释了实验现象并不是一个理论正确的充分条件。

有什么理由要求角动量一定是普朗克常数的整数倍呢？不知道。但是这样做确实"解释"了氢原子光谱线出现的位置，即谱线的频率问题。好吧，把为什么的问题放在一边，先看看量子化还能带来什么惊奇。

首先考察弹簧的振动问题。在经典力学中弹簧体系的能量可表示为 $E = \dfrac{p^2}{2m} + \dfrac{m\omega^2 q^2}{2}$，其中 q 是弹簧的位移，$p = m\dot{q}$ 是相应的动量，$m\omega^2$ 是弹簧的弹性系数。如果我们要求动量和位移满足式（2.2）那样的量子化条件的话，就会发现能量的允许值为 $E = n\hbar\omega$。它说明，弹簧体系（现在我们管它叫谐振子）的能量只能是常数 $\hbar\omega$ 的整数倍。这不正是普朗克和爱因斯坦曾经大胆作过的假设吗？一定固有角频率的谐振子，其能量只能是常数 $\hbar\omega$ 的整数倍；假设光来自不同频率的谐振子[①]，这就为黑体辐射提供了一个很合理的物理图像。看来普朗克和爱因斯坦他们当初的假设还是有些

---

① 很多文献中的表述会把这个假设当成真的。

物理基础的。

回过头来再看氢原子。玻尔模型把电子限制在一个平面内,简化得太狠了些,电子是在整个三维空间内绕原子核运动的。三维空间内绕一点的运动可由距离 r 和两个角坐标——倾角 θ 和方位角 φ 来描述。对应角度 θ 和 φ 各自的量子化条件为总角动量和对应 φ 的角动量分别是 $\hbar$ 的 l 倍和 m 倍,l 和 m 是两个整数,且 m 的可能取值为 $-l,-l+1,\cdots,0,\cdots,l-1,l$。在此前提下,体系的能量可写为

$$E = \frac{p_r{}^2}{2m_e} + \frac{l^2}{2m_e r^2} - \frac{e^2}{4\pi\varepsilon_0}\frac{1}{r} \tag{2.3}$$

对坐标 r 和它对应的动量 p_r,按照式(2.2)施加量子化条件,假如式(2.2)右边为 kh 的话,则有 $E \propto -\dfrac{1}{(l+k)^2}$。由于 l 和 k 都是正整数,这也正是此前玻尔想要的结果 $E_n \propto -\dfrac{1}{n^2}$。由此看来,玻尔量子化条件 $\oint p\mathrm{d}x = nh$ 中的 n 对应此处的量子化条件中的 l,尽管从物理图像来看应该是对应 m。注意,由于 k 是正整数,因此对于给定能量 E_n 对应的量子数 n,则要求 $l < n$。上述关于氢原子的量子化方案约在 1916 年完成,被称为氢原子的索末菲(Arnold Sommerfeld)模型。索末菲是历史上伟大的物理学导师,门下人才济济,说量子力学的半壁江山来自他和弟子们的贡献不算为过。

我们看到,除了此前的 n(它对应这里的 $l+k$),关于氢原子还可以引入两个量子数 l 和 m。其中 m 表示电子总角动量在某个方向上的投影,它和原子磁矩有关。就算角动量只能取分立的值,角动量在某个方向上的投影为什么也是分立的呢? 投影只能取分立的值,表明空间的不同方向不是等价的。方向也有量子化? 这很奇怪。1922 年,斯特恩(Otto Stern,1888—1969)和盖拉赫(Walther Gerlach,1889—1979)让一束银原子穿过一段不均匀的磁场,原子因为具有磁矩而会受非均匀磁场的偏转。令他们吃惊的是,经过磁场的银原子束被明显地分隔成了两束(参见第 6 章"自旋"),这表明原子的磁矩在磁场方向上的投影确实是分立的。不管银原子磁矩真正的具体来源是什么,斯特恩-盖拉赫实验都表明某些物理量的投影可以是分立的。这意味着索末菲的模型为我们揭示了一些正确的内容。

世界真奇妙！将量子化条件应用于一些经典物理体系，其得到的结果和许多实验有意想不到的相符之处。通往量子力学的门打开了。

　　关于量子化条件式(2.2)，有必要补充几句。在索末菲那里，它谈论的是一对共轭变量之间的关系。轭，牛轭，就是套在牛脖子上让牛拉车、犁地的东西。两头牛如果共用一副轭(图 2.4)，就构成了共轭的关系，这就能保证它们的用力始终大致是在一个方向上。如果一对变量，比如位置 q 和动量 p，像两头牛一样有共轭的关系，可以想象它们一定有紧密的联系。实际上，共轭是重要的物理概念，物理学里的变量都是一对一对地用共轭关系组织的！记住这一句话，就不枉读过这本书。

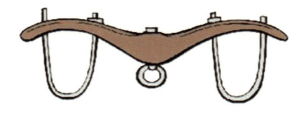

图 2.4　一副可以套两头牛的牛轭

　　我们看到，量子的概念是在经典物理研究过程中逐步引向深处的。要想学会量子力学，请一定先学好经典力学。量子力学骨子里头依然不过是经典力学！

第 3 章

什么是量子

在一般的关于量子力学专业和非专业书籍中，量子现象常常被描述成可怕的怪物，量子力学也被描述成晦涩难懂的、专门留给科学怪人的学问。对量子力学做出过贡献的诺贝尔奖得主费曼（Richard Feynman）就说过：我敢说没人真正理解量子力学。这话要看怎么说，懂得多深才算理解？实际上，懂经典力学的人更少。和经典力学、热力学、经典光学、经典电动力学相比，量子力学一样来自对自然的观察与研究，是物理学家们一点一点构造起来的理论体系。量子力学一点也不更难懂。少年朋友们切勿被吓唬住。

现在我们已经习惯了"量子"这个词，它指的是一些物理量，如能量、角动量、角动量的投影等，具有一个基本的单位，或只能取一些分立的值。很长一段时间以来，人们把量子世界和量子理论看得很神秘，这种不恰当的态度妨碍了许多人对量子力学的兴趣。实际上，量子世界（力学）和经典世界（力学）并没有什么清晰的边界。在我们日常生活中，一些物理量只能取一些分立值的现象随处可见，并且带来许多在量子力学语境中才得到充分重视的结果。

3.1 Quantum 的字面意义

中文的"量子"一词是经日文而来的，是对拉丁语形容词 quantum（英文中的复数 quanta 其实是 quantum 的阴性形式）的翻译。Quantum 其实就是"多少"的意思，英文的数量，quantity，就来自这个词。在现代意大利语中，quantum 及其变位形式一直在使用，如 Quanto costano（这东西多少钱）？Quanti anni hai（你几岁啦）？等等。在英文中，quantum 出现在 quantum of rain fall（降雨量），quantum of solace（安全度）等词语中。你看，量子，quantum，就是个家常词。

从 quantum 的字面意思，我们可以想象量子力学（quantum mechanics）首先是一种谈论"多少"的时候要小心谨慎的一门学问。谈论

"多少"的时候有什么要特别注意的呢？试考虑如下三句话：

(1) 取一杯水的 1/234567898765432；

(2) 某职工的工资增加了 15%；

(3) 某家庭的人口去年增加了 27.14%。

这三句话都在谈论多少，但对待它们，我们可能要持不同的态度。在第一句中，因为我们习惯把水看成连续的东西，把一杯水分成 234567898765432 份后取其一虽然麻烦，但原则上似乎没什么不妥。第二句中，因为职工的工资数只是一些不连续的整数，增加额也只是几个不连续的数（比如只有 5 档），则增加 15%原则上是可能的，但也可能根本不会出现。此句确否，存疑。第三句，考虑到家庭的人口基本上就是小于 10 的整数，增加 27.14%是个很混账的说法（当家庭人口数为 5000 时，这句话是可接受的。只是这么大的家庭不好找）。这告诉我们，当谈论家庭人口这种具有基本单位且数值很小的物理量时，我们应当小心对待。

3.2　基本单位的重要性

一个量存在最小单位，其重要性在其最小单位改变时就会凸显出来。我们不妨取日常生活常见的钱币为例深入探讨一下这个问题。欧元正式流通以前，意大利货币的单位是里拉，但里拉这个货币单位太小，在 1995 年前后 1000 里拉相当于人民币 5 元钱。但是，因为 1000 里拉是大张的纸币，当人们在餐馆或咖啡摊上甩出一张 1000 里拉的纸币当小费时，其感觉是很爽的。欧元出来后，1 欧元约合 2000 里拉，但 1 欧元、2 欧元是硬币，纸币面值最小的是 5 欧元，且面积约为 1000 里拉的 1/4。想象一下那时意大利人的沮丧吧：一次给 5 欧元作小费简直是割肉，但就算忍痛割肉那 5 欧元的小纸片怎么也甩不出派头来呀。这就是基本单位的存在和改变带来的影响。物理学的基本单位是固定的，没有变化物理量基本单位所引起的麻烦。但是，当一个物理量的大小接近其基本单位，即必须表示为一个

小的整数时，它呼唤一种新的物理，即我们现在正在学习的量子力学。从经典力学到量子力学，首先意味着思维方式和处理问题方式的转变，这一点是我们学习量子力学时首先要了解的。

3.3 连续与分立

如果我们注意观察，会发现一些事物是连续的，而另一些事物是分立的。比如，鸭蹼是连续的，而鸡爪子就是分立的。有些存在之所以被看成是连续的，可能只是数目太大的原因，比如连绵千里的沙漠，远远地看过去是连续的，凑到跟前看就是一颗颗的沙粒。实际上，日常生活中有很多物理量只有有限个分立的值。比如，人的性别只有男、女两个值，钟表的走向只有顺时针和逆时针两种可能。再比如，人民币的分币只有 1 分、2 分和 5 分三种币值。如果有人告诉你他有两个硬币，加起来是 5 分钱，他一定是逗你呢！三个硬币可以凑出 3 分、4 分、5 分、6 分、7 分、8 分和 9 分，但不能凑出 10 分（可以用两个 5 分凑成）。你现在明白为什么货币一般都是 1、2、5 的组合了吧。这个时候，你可以说已经观察到量子现象了——在量子力学中物理量常常是取特定的分立值的。

连续与分立之间的根本性差别，可以用人在斜坡和台阶上之动力学行为的不同加以说明。斜坡给人以连续的感觉，而台阶的形象则是分立的、量子化的（图 3.1）。顺着斜坡走，你能停留的高度可以是从零到最大值之间的任意一个值；而若是沿着台阶走，你能停留的高度只能是一些分立值。如果台阶高度是相同的，你就只能停留在整数个单位台阶高度上。在斜坡上和台阶上会有不同的动力学行为。假设你采用小角度倾斜的姿势蹦跳着往上走。在斜坡上，只要你每次跳起一点点高度，则经过有限次跳起后你就能到达最高处。但是，在台阶上，如果你每次跳起的高度低于单位台阶高度，则你的所有努力都是徒劳的！台阶上的动力学告诉我们，对于那些台阶状的事业，比如学会一门语言或者别的科学，一鼓作气地越过最低台阶太重要了,否则就会落个前功尽弃的结局! 人一生中会遇到许多这种台阶式的问题,作者自己的遗憾造成了对这个问题的深刻理解。

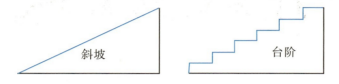

图 3.1　连续的斜坡和量子化的台阶

3.4　生活中的量子智慧

31

在日常生活中,我们常会遇到事物的量接近其基本单位的情形,这种时候事物可能就要表现出量子行为了。有些人是认识到这种量子行为的,并且善加利用来巧妙地达到一些让人意想不到的效果。

诸葛亮喜欢唱《梁甫吟》,其歌词为:

步出齐城门,遥望荡阴里。

里中有三坟,累累正相似。

问是谁家冢? 田疆古冶子。

力能排南山,文能绝地纪。

一朝被谗言,二桃杀三士。

谁能为此谋? 国相齐晏子。

这说的是"二桃杀三士"的故事(图 3.2)。春秋时期,齐国的公孙接、田开疆、古冶子以勇力搏虎闻,对相国晏子也不太恭敬。晏子就对齐景公说道:"……此危国之器也,不若去之。"齐景公有点犯难,因为"三子者,搏之恐不得,刺之恐不中也"。晏子于是出了个主意,派人给这三位勇士送去了两个桃子:"三子何不置功而食桃?"那意思是谁功劳大谁有桃子吃。三人争功,最后桃子没吃到,全他杀或自杀了。晏子不费吹灰之力就结果了三位勇士的性命。

图 3.2　二桃杀三士（选自《南阳汉画像石精萃》）

历来文献评论此事，皆把"二桃杀三士"理解为"借刀杀人"，却看不到这里的量子力学问题。桃子，如果是分给幼儿园的小朋友吃果肉，两个桃子是可以切成小块在三个小朋友间大致分均匀的。但问题是，把桃子上升到主子的赏赐并和功劳大小排序挂钩，它就有了不可分割性（atomicity），桃子就只能按照自然的单位分配。两只桃子在三个人之间分，就必然引起冲突。加上这三人火气都大点，心眼又不如晏子多，就着了晏子的道了，死得不明不白。这份成功的恶毒，人性占一半，量子力学占一半。

与"二桃杀三士"相类似有一个吃鸡蛋的故事。据说当年皮定均将军就曾规定：部队里给士兵吃鸡蛋，不得以炒鸡蛋或者鸡蛋汤的方式，而是论个发到士兵手里。这是体会到了量子行为的特殊性所作出的聪明决定。如果是吃西红柿炒鸡蛋，搅在一起的蛋清、蛋白那是连续的存在，军官吃到的可能是鸡蛋加少量的西红柿，而士兵吃到的可能是西红柿加少量的鸡蛋，差别很大但也不易计较。发煮鸡蛋就不一样了，煮鸡蛋保持了鸡蛋的完整性，是论个，即按照鸡蛋的自然单位，发到士兵手里的（图 3.3）。如果某个士兵没领到鸡蛋，那"克扣伙食"一事就是确凿的了。

图 3.3　炒鸡蛋和煮鸡蛋，分别对应的是经典力学和量子力学的不同世界

量子力学处理基本物理问题，既涉及电子、夸克这样的基本粒子，也涉及超导体、超流体这种宏观物体（可以忘掉量子力学是描述微观世界的说

法了）。虽然量子力学所用到的哲学或者数学可能更深刻、更精确,但就粗略理解来说,炒鸡蛋和煮鸡蛋所代表的两种世界或者两种不同的处理问题方式(世界观之谓也),对于理解量子力学还是有足够的借鉴意义的。

3.5 能量也是分立的

连绵千里的沙漠,远远地看过去是连续的,凑到跟前看就是一颗颗的沙粒。古希腊的德谟克利特就是根据这个事实猜测世界是由原子组成的。我们的物质世界是由种类不多的原子堆积而成的,这一观点人们还是容易接受的。但是,对于能量这样的物理量,19 世纪的物理学家们是习惯于把它当作连续量的。这不奇怪,能量概念的数学从一开始就是和热流、功等物理量联系在一起的。

把能量当成分立的对象来处理,如在第 1 章所说的那样,一开始是作为数学技巧被引入的。奥地利物理学家玻尔兹曼,一个被誉为笃信原子存在的物理学家,在 1877 年的某一天大胆地假定原子的能量也是分立的。玻尔兹曼要解决的问题是:一定温度的气体,其分子数目随动能是怎样分布的? 玻尔兹曼假设,原子的能量只能取一个单位值 ε 的整数倍,而可取每个能量值的原子数分别为 $n_1, n_2, \cdots, n_p$,则必然有

$$n_1 + n_2 + \cdots + n_p = N \tag{3.1a}$$
$$\varepsilon(1 \cdot n_1 + 2 \cdot n_2 + \cdots + p \cdot n_p) = E \tag{3.1b}$$

这里 N, E 分别是系统的总原子数和总能量。问题是对应给定的总原子数 N 和总能量 E,可以有很多种 $n_1, n_2, \cdots, n_p$ 分配方式,可以假定给出最大排列组合方式数目的 $n_1, n_2, \cdots, n_p$ 分配方式对应系统的平衡态。由此可以求得在平衡态时 $n_\lambda \propto e^{-\lambda\varepsilon/kT}$,这里 T 是系统的温度。这么个分布公式就能解释许多气体的热力学性质。这个公式的成功在于假设原子的能量是分立的、量子化的。能量是分立的观念开启了新的物理学革命,因此作者倾向于认同把 1877 年当作量子力学元年。但是,必须指出,在上

述推导结果的应用中，玻尔兹曼实际上又把能量给还原成连续的了。无独有偶，1900年，普朗克为了按照玻尔兹曼的这一套来解释黑体辐射公式而不得不假设光的能量是分立的，频率为 ν 的光其能量单位为 $h\nu$。普朗克基于能量量子化对黑体辐射公式的诠释是物理研究的成功典范。然而即便如此，普朗克本人也难以接受光的能量是分立的观念。玻尔兹曼提出了能量量子化的革命性概念，但他随手就掐灭了这个革命性的火种，因为他研究的问题允许他轻易做到这一点。二十多年后，普朗克沿用能量量子化的革命性概念得到了黑体辐射公式。普朗克一直难以接受能量量子化的观念，他因此被称为"违背自己意愿的革命家"。普朗克没能掐灭这个革命性的火种，是因为面对着他研究的问题，他做不到这一点。

　　思维的惯性就是那么大——提出革命性概念的人自己未必敢相信。而那些大胆接受革命性的思想，并借此开辟了物理学新天地的人，如爱因斯坦者，那是真正的革命家。

第 4 章

谱线强度与矩阵力学

　　玻尔的原子发光模型认为光是电子在改变状态的跳跃过程中发出的，并且给出了氢原子谱线的位置，即谱线的频率或波长，一个看似合理的解释。索末菲的模型能解释一些谱线在磁场下的分裂（见第 6 章"自旋"），这又往前进了一大步。但是，直到 1925 年，人们对于谱线的相对强度还是不了解。容易从谱图上看出原子发射的不同谱线在强度上存在很大的差别（图 4.1）。把一根蘸了食盐溶液的金属丝放到酒精灯的火焰上，火焰的颜色会被黄色主导（图 4.2），这是钠的双黄线非常强的缘故。那么，是什么因素决定了一条谱线的强弱呢？

图 4.1　氢原子光谱。不同谱线明亮程度不一

图 4.2　一点盐水足以让蓝色的酒精焰变成黄色

4.1 克拉默斯的努力

在经典理论中,辐射强度同振荡电场的振幅平方成正比。自然,关于原子谱线的强度,人们也希望循着这个思路构造理论。克拉默斯(Hendrik Kramers)建议对电子的量子化轨道变量,$X_n(t)$,以轨道能量对应的角频率 ω 为基频作傅里叶展开,即写成

$$X_n(t) = \sum_{k=-\infty}^{\infty} e^{ik\omega t} \widetilde{X}_{n;k} \qquad (4.1)$$

的形式。玻尔曾建议此处的 k 次谐波项 $e^{ik\omega t}\widetilde{X}_{n;k}$ 对应从能级 n 到能级 $n-k$ 之间的跃迁,因此辐射强度正比于 $\left|\widetilde{X}_{n;k}\right|^2$。

这个方案当然不能解释谱线的强度。不考虑公式(4.1)的其他内容,它的重要特征是只涉及单一的轨道或者说能级,而跃迁分明是发生在两个状态之间的事情。但是,这个没有丝毫正确可能的尝试却导致了矩阵力学的建立,而矩阵力学才标志着(新)量子力学的正式建立。

4.2 海森伯的半截子论文

构造恰当的量子力学的努力在哥本哈根(由玻尔领导)、哥廷根(由玻恩领导)和慕尼黑(由索末菲领导)同步进行。一个幸运的德国年轻人,海森伯(Werner Heisenberg),出场了。说他幸运,是因为他在这三个地方都待过。索末菲是他的博士论文导师,玻恩是他的授课资格研究[①]的指导

---

① Habilitation,德国学术制度中重要的一个环节,通过后就可以任私俸讲师,有升教授的资格。

老师。

时光转眼到了1925年，年轻的海森伯博士也在认真考虑光谱的强度问题。此前在1922年6月，他的导师索末菲因为知道他对玻尔的模型感兴趣带他到哥廷根参加了玻尔节，在那里海森伯第一次见到了玻尔。1923年他从慕尼黑大学博士毕业以后，到哥廷根大学跟随玻恩做授课资格研究，课题是关于反常塞曼效应。这些都让他很早就接触到了量子力学研究的前沿。

海森伯对谱线强度问题的思考被誉为顿悟（epiphany）。1925年5月，他试图仅仅用可观测量（如谱线位置、强度等），实际上是可观测量之间的关系，而不是电子位置、轨道这些看不见、摸不着的概念来描述原子系统。7月7日他因为躲避花粉到北海的一个岛上疗养，其间他一边读着歌德的诗篇①一边继续思考原子谱线问题。那天深夜，他的计算有了结果："差不多是夜里三点钟，计算结果最终出来了。我深深地被震惊了。我很兴奋，一点也不想睡。于是，我离开房间，坐在一块岩石上等日出。"

但是，研究发光的人们都知道，用某个频率的光激发物体发光，发出来的光（专业术语叫荧光）不一定在原来的频率。荧光一般是在较低的频率上，甚至出现在若干个较低的频率上。比如，古人误以为是鬼火的东西（含磷物质的发光，在可见光范围），就是由太阳中的紫外线激发的。设想有个物理过程，自 n 状态开始，到 m 状态结束，但是假设它可分两步进行，中间要经过某个 k 状态。现在引入某个物理量（这个物理量是什么意思，先不管它）来描述这些过程，$c(n,m)$ 描述自 n 状态到 m 状态的过程，$a(n,k)$ 描述自 n 状态到 k 状态的过程，$b(k,m)$ 描述自 k 状态到 m 状态的过程，那么也许就应该有 $c(n,m) = \sum_k a(n,k)b(k,m)$ 的算法，也就是对所有可能的中间过程 k 求和（图4.3）。这个公式暗藏玄机，后来我们知道这就是矩阵的乘法（参见附录A），这是量子力学的核心算法！

在经典力学中，振动的强度是和振幅平方成正比的。关于（氢）原子发光，玻尔模型认为发光是个电子的跳跃过程，这个过程涉及的初态和终态

---

① 歌德的诗篇、康德的哲学论文都是科学灵感的源泉。

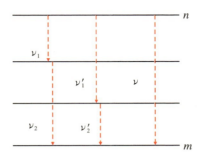

图 4.3 从状态 n 到状态 m 的跃迁过程，可以是直接的，也可以是经过某个中间状态的

之间的能量差决定了发光频率。可是，对这个过程的描述中应该考虑什么样的振动呢？海森伯和克拉默斯合作过，后者的色散研究给了海森伯很大的启发。海森伯想到，既然发光涉及两个状态，可能引起它的电场振动就应该由这两个状态加以标记，记为 X_{nm}，其傅里叶分析中的分量应该只有一个频率，即对应两个状态能量差的频率。这样，这个振动 X_{nm} 随时间的变化，海森伯猜测，应该为 $X_{nm} = e^{i(E_n - E_m)t/\hbar} X_{nm}(0)$ 的形式。这样的一通猜测会正确吗？

物理学家构造了一个模型或理论，要想知道它是否具有一丁点正确性的一个办法是把它用到一个熟知的问题上。海森伯就把他的这套理论用到谐振子问题上，因为谐振子振动的经典解是现成的，引入一个新变量 $A(t) = x(t) + ip(t)$，发现 $A(t) = \sqrt{2E} e^{it}$，这是一个单位谐振频率（记为 $\omega = 1$）的振荡量。如果也写成 $A_{nm}(t)$ 的形式，顺着这个思路接下来可以计算 X_{nm} 和 P_{nm}。进一步的计算会发现，$(XP)_{nm} \neq (PX)_{nm}$。这是怎么回事？海森伯不懂，自然也不指望它能解释谱线的强度了。但海森伯就是海森伯，他生活在大师云集的地方呀。他把上述结果写了个草稿，交给了玻恩寻求指点，自己度假去了。

4.3 矩阵与矩阵力学

问题摆到了玻恩的桌上，学养深厚的玻恩马上认识到这个公式涉及的是矩阵的乘法（关于矩阵更多的内容，参见附录 A）。顺着海森伯的思路，玻恩发现谐振子问题给出的矩阵 X_{nm} 和 P_{nm}，满足关系 $(XP-PX)_{nm}=$ $\mathrm{i}\hbar\delta_{nm}$，或者简记[1]为

$$xp-px=\mathrm{i}\hbar \tag{4.2}$$

一个把人类的物理学知识提高一个层次的公式出现了。海森伯的半截子文章经玻恩完善后顺利发表，不久玻恩和助手若尔当合作发表了一篇文章，他们俩加上海森伯也合作发表了一篇文章。这三篇文章构成了量子力学的第一种形式——矩阵力学。顺便说一句，这一年天才的若尔当 23 岁。他从关系式 (4.2) 出发计算 xp^n-p^nx，所得到的关系 $p=-\mathrm{i}\hbar\partial_x$，即动量相当于对坐标的偏微分（见附录 B）[2]，是后来量子力学应用的前提。

熟悉线性方程组的读者都知道，线性方程组，比如三元的，

$$\begin{aligned}
a_{11}x+a_{12}y+a_{13}z &= c_1 \\
a_{21}x+a_{22}y+a_{23}z &= c_2 \\
a_{31}x+a_{32}y+a_{33}z &= c_3
\end{aligned} \tag{4.3}$$

可以写成更紧凑的形式

$$\begin{pmatrix} a_{11} & a_{12} & a_{13} \\ a_{21} & a_{22} & a_{23} \\ a_{31} & a_{32} & a_{33} \end{pmatrix} \begin{pmatrix} x \\ y \\ z \end{pmatrix} = \begin{pmatrix} c_1 \\ c_2 \\ c_3 \end{pmatrix} \tag{4.4}$$

---

[1] 公式 $xp-px=\mathrm{i}\hbar$ 作为矩阵是对 $xp-px=\mathrm{i}\hbar I$（I 是单位矩阵）的简记。作为算符形式，$xp-px=\mathrm{i}\hbar$ 是对 $(\hat{x}\hat{p}-\hat{p}\hat{x})\psi=\mathrm{i}\hbar\psi$ 的简记。切记，切记!!

[2] 认为得到的结果是 $x=\mathrm{i}\hbar\partial_p$ 也行，都能满足 $xp-px=\mathrm{i}\hbar$。

这里的括号连同里面排成阵列的数构成矩阵, 用行数和列数来标识, 如

$$\begin{bmatrix} a_{11} & a_{12} & a_{13} \\ a_{21} & a_{22} & a_{23} \\ a_{31} & a_{32} & a_{33} \end{bmatrix} 是 3×3 矩阵, \begin{bmatrix} x \\ y \\ z \end{bmatrix} 是 3×1 矩阵, (x \quad y \quad z) 是 1×3 矩阵。$$

自然, 矩阵一般地是一个 $n×m$ 矩阵。可以把矩阵当成一个数, 当然是有其独特加法和乘法的数。两个矩阵 A, B 如能相加, $C = A + B$, 则一定具有同样的行数和列数, 且 $C_{nm} = A_{nm} + B_{nm}$; 若两个矩阵 A, B 能相乘, $C = A × B$, 则前一个矩阵的列数一定和后一个矩阵的行数相等, 且 $C_{nm} = \sum_k A_{nk} × B_{km}$。

对于普通的实数和复数, 乘法满足交换律 $ab = ba$。对于矩阵, 乘法不一定满足交换律, 有可能 $A × B \neq B × A$, 这带来了全新的代数。前面我们提到, 设想有个物理过程分两步进行, 则描述整个过程和中间过程的物理量之间可能遇到算法 $c(n, m) = \sum_k a(n, k) b(k, m)$, 这分明就是矩阵的乘法! 请记住, 矩阵很重要, 它是量子力学里经常用到的、独特的"数"形式, 有独特的算法, 因此可以表述相应的物理现象。或者反过来说, 特定的物理现象, 要求具有特定算法的"数"来表述它! 数学与物理的紧密关系, 由此可见一斑。

基于把坐标和动量等物理量表示成矩阵的量子力学形式被称为矩阵力学。由于矩阵算法当时还不为物理学家们所熟悉, 矩阵力学建立的基础说它是瞎猜也不为过, 所以矩阵力学并没能为当时的物理学家所接受。但是, 有人看出了其中的非凡之处。狄拉克(P. A. M. Dirac)就指出, 海森伯的矩阵力学表明, 量子力学用到的物理量可能是非对易的, 即不满足乘法交换律。可以想见矩阵力学带给当时物理学家的冲击: 怎么坐标、动量这些我们早已用习惯了的量突然变成了不可对易的怪物了呢? 人们一时还转不过弯来。后来我们将看到, 物理操作的非对易性是量子力学的核心。

其实, 对于不可对易的算法, 没有什么可惊讶的。普通数的减法和除法就具有不可对易性, 除非是 $a = b$, 否则 $a - b \neq b - a$, $a ÷ b \neq b ÷ a$。如果我们把物理量看成是描述具体动作(操作)的, 物理量和操作是对应的, 会发现世界上到处是不可对易的操作。早上起来, 我们要刷牙、洗脸, 似乎先刷牙还是先洗脸都无伤大雅。我们还要穿鞋、穿袜子, 这时候顺序就有

讲究了,先穿鞋还是先穿袜子效果是不一样的。另一个比较容易理解的例子是如何救助一个饥渴的人,是先给水喝还是先给饭吃? 先喝水或粥,然后给饭吃,这个人算是救下来了;但如果是先给饭吃,后给水喝,很可能会把他撑坏了。如同 $xp - px = i\hbar$,(喝水)(吃饭) - (吃饭)(喝水) = 一条人命。

一个在日常生活和量子力学中具有相同表现的是转动。设想你侧躺在地上,准备做如下两个动作:倒立、趴下。你自己可以演示一下,(倒立)(趴下)同(趴下)(倒立)的最终效果是不同的。举这些例子是想说,在我们的物理世界里,不对易的两个操作很普遍,海森伯的矩阵力学正巧碰到了这一点。量子力学与经典力学不同的地方是,许多在经典力学里可交换的一对操作,在量子力学里就不可交换了。

海森伯和玻恩发现的 $xp - px = i\hbar$,后来也被称为量子化条件(当然是只适用于某些物理问题的量子化条件),很神奇。它一经出现,就吸引了众多物理学家的目光。至于原子光谱线的强度问题,有人会继续关注的。

在矩阵力学被提出不久,实际上也就几个月的时间,许多人还没回过神来,另一种相竞争的量子力学形式——波动力学——就诞生了。

4.4　费米的黄金规则

海森伯试图计算谱线强度的努力导致了矩阵力学的出现,极大地促进了量子力学的发展。但是,谱线强度的问题在那时并没有得到满意的答案。后来,在量子力学得到了充分发展以后,人们认识到谱线强度不仅依赖于所涉及的初态和终态,还依赖于引起发光的机制。关于原子发光的谱线强度,或者说谱线所对应的电子跃迁过程的发生几率,由公式 $P_{if} = \frac{2\pi}{\hbar}|\langle f|V|i\rangle|^2 \rho_f$ 给出,其中 $|i\rangle$,$|f\rangle$ 分别表示系统初态和终态的波函数。此公式的其他细节及其意义读者暂时可以不必理会,它被称为费米(Enrico Fermi)黄金规则。此规则由天才狄拉克于 1927 年提出。

第 5 章

波动力学与薛定谔方程

5.1 德布罗意的物质波

　　光与电子是量子力学初期舞台上的两个主角。在人类有意识之时就知道光的存在，而电子，虽然自 18 世纪初就不断有证据指向它的存在，但是其身份的正式确立要等到 1896 年。牛顿（Isaac Newton，1642—1727）在 1704 年出版的《光学》一书中，提出了光的"颗粒（corpuscle）"说——乌云边上落下的光线（ray of light）和雨线真是可类比的好伙伴。而此前荷兰人惠更斯（Christiaan Huygens，1629—1695）则主张光的波动说，他将光同水面的波纹相比拟。在一幅插图中，他将光自蜡烛的出射描绘成从石头击打中心发散出来的水波。光的波动说可以很好地解释光的干涉现象与绕射现象。但是，到了 20 世纪初，由于玻尔兹曼、普朗克、爱因斯坦等人的工作，人们认识到光不仅其能量具有最小单位 $h\nu$，动量具有最小单位 $h\nu/c$，甚至其本身作为存在也有基本的单位，1926 年化学家刘易斯干脆造了一个新词，光子（photon），来强调光是粒子（particle）的特性。现在，大家看到光既是波也是粒子。这不好理解，可光就是这样的，科学家们不得不引入波粒二象性的概念来描述这个事实①。

　　与光不同，电子一直给人以粒子的印象。不管是被称为电原子（atom of electricity）的时候，还是被称为阴极射线（cathode ray）或者 β 粒子（射线）的时候，它都是以粒子的面目出现的。它有电荷、有质量，可以在电磁场下偏转，在还被称为阴极射线的时候它就被用来通过碰撞驱动小风车。现在，在量子力学中，电子和光有了密切的关系。既然光既是波也是粒子，那么，电子呢？它也是波吗？

　　1924 年，法国一位年轻的贵族德布罗意（Louis de Broglie）在博士论

---

① 其实，今天我们也没能弄清楚光是什么。所谓光的波粒二象性的说法，即光有时表现像波，有时表现像粒子，实在是个不负责任的说法。毋宁说，我们看到了光之我们以为可以用波和粒子的概念加以近似描述的两个侧面。看到了存在的不同侧面，是一种进步。庄子的"两忘而化其道"，才见高明。

文中大胆建议电子也是波,这就是物质波的概念。参照普朗克的光子能量表达式 $E = h\nu$ 和爱因斯坦相对论性粒子的能量表达式 $E = pc$(在康普顿那里变成了 $p = \dfrac{h}{\lambda}$),德布罗意指出对于能量为 E,动量为 p 的电子,其对应的物质波的波长和频率分别为

$$\left. \begin{aligned} \lambda &= \frac{h}{p} \\ \nu &= \frac{E}{h} \end{aligned} \right\} \tag{5.1}$$

德布罗意的物质波概念,给了玻尔的量子化条件式(2.2)一个直观的图像:电子轨道的长度只能是其物质波波长的整数倍。

对于一般实验室能准备的电子,其动量对应的波长远小于微米量级,不容易用干涉的方法演示其波动性,所以物质波的概念不是很容易令人信服。不过,爱因斯坦对这个概念很感兴趣。1927 年,美国贝尔实验室的戴维森(Clinton Davisson)和革末(Lester Halbert Germer)碰巧让电子通过了因为熔化从而得到的结晶品质还算好的镍晶体,发现透过去的电子形成了衍射花样——如同 X 射线穿过晶体时得到的那种衍射花样。电子衍射实验证实了电子的波动性。如今利用电子波动性的电子衍射技术是分析晶体(包括准晶)的常规技术(图 5.1)。

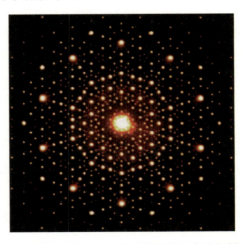

图 5.1　电子束经过 10 次准晶得到的斑点状衍射花样

5.2 薛定谔方程

德布罗意的电子，不，所有的物质，都有波动性质的想法，太大胆了，也太难以让人接受了。答辩委员会的教授们不知如何对待这样的一篇论文，按照德布罗意自己的说法，是"probablement un peu étonné par la nouveauté de mes idées（可能有点被我的想法之标新立异给吓着了）"。但是，幸运的是，委员会中有郎之万教授（Paul Langevin，1872—1946），他将论文寄给了爱因斯坦和德拜各一份。爱因斯坦对德布罗意的这个想法给予了很高的评价："我相信这是我们揭开物理学最难谜题的第一道微弱的曙光。"而德拜呢？

德拜那时在瑞士的联邦理工学院（ETH），他当时定期主持一个物理研讨会，这研讨会是和苏黎世大学轮流召开的。在苏黎世大学物理系，有个奥地利的物理学家薛定谔（Erwin Schrödinger），时年 38 岁，正为自己的前途焦虑不已。在 1925 年底某天德拜把德布罗意的论文交给薛定谔，让他阅读后在研讨会上讲讲。会议结束时，德拜随口说了一句：如果要当成波处理的话，总该有个波动方程吧。几周以后，即在 1926 年新年后，薛定谔在研讨会上兴奋地宣称："我的同事德拜建议应该有个波动方程；嗯，我找到了一个！"[①]薛定谔找到的方程是这样的：

$$i\hbar\, \partial\psi\, /\partial t = \hat{H}\psi \tag{5.2}$$

如今被称为薛定谔方程，其中 $\hat{H}$ 是哈密顿量，是经典力学本就有的概念；ψ 被称为波函数，则是个全新的概念，它是一个有限的、二阶可微分的复函数。薛定谔方程是量子力学的标志，是现代量子理论的基础；是物理学最美的方程之一，一个所有学物理的人都要理解的方程。薛定谔方程有时也

---

① 郎之万曾委托 Victor Henri 给薛定谔送了一份德布罗意的论文，希望听取他的看法。薛定谔当时看后的评论是"纯属垃圾"。

写成 $i\hbar\partial_t\psi = \hat{H}\psi$ 或者 $i\hbar\dot\psi = \hat{H}\psi$ 的形式。

薛定谔得到量子力学方程的关键有两个。一是经典力学中的哈密顿–雅克比方程，$H + \partial S/\partial t = 0$；二是薛定谔认为 S 应该写成 $S = k\log\psi$ 的形式。为什么？薛定谔 1926 年的论文没交代。但是熟悉热力学和统计物理的人一定记得玻尔兹曼的熵公式 $S = k\log W$。玻尔兹曼是薛定谔的导师之一 Franz S. Exner 的导师，他们都是维也纳大学的毕业生①。公式 $S = k\log W$ 刻在玻尔兹曼的墓碑上，公式 $i\hbar\dot\psi = \hat{H}\psi$（公式(5.2)的另一种写法）就刻在薛定谔的胸像上，两者的设计风格也如出一辙（图 5.2）。当然了，薛定谔在论文中还是把他的方程表示成经典力学的标准变分问题的。

图 5.2　玻尔兹曼和薛定谔的胸像

5.3　量子力学是本征值问题

1926 年，薛定谔分四部分发表了题为"量子化是本征值问题（Quantisierung als Eigenwertproblem）"此一奠基性论文。但是，式(5.2)形式的薛定谔方程并未出现在这篇文章中。假设波函数的时间部分表现为一个相因子 $e^{iEt/\hbar}$，$\psi(x,t) = \psi(x)e^{iEt/\hbar}$，代入薛定谔方程，则得到定态形

①　学术的氛围是需要长时间才能涵养而成的，学术是讲究传承的。

式的方程

$$\hat{H}\psi = E\psi \tag{5.3}$$

薛定谔把还算粗糙的波动方程之定态形式应用于氢原子问题,竟然也得到了玻尔和索末菲等人此前得到的三个量子数(n,l,m),不过这些量子数不再是人为地作为普朗克常数的整数倍强加进来的,而是"如同弦振动的节点",是波函数ψ的自然性质(有界,是方位角和倾角的周期函数)所决定的。这些量子数所属的物理量是作为同波函数ψ相关联的本征值出现的。薛定谔的方程甫一面世,就得到了爱因斯坦的好评。

本征值问题是此前就有的概念,在数学和力学中都有应用。假设对一个数学对象ψ施加一个操作$\hat{O}$,得到的结果还是对象ψ,但可能改变了一个常数倍,用公式表示就是$\hat{O}\psi = \lambda\psi$,这就是本征值问题,$\lambda$是操作①$\hat{O}$的本征值,而相应的$\psi$被称为本征函数(在不同的场合也被称为本征矢量、本征方向)。打个比方,对一个气球吹气,就得到一个大点儿的气球,吹气球就是一个本征值问题。用针扎气球就不是。矩阵的本征值问题在自然科学各领域随处可见,求解矩阵的本征值问题是应该掌握的基本技能(参见附录 A)。求解矩阵的本征值问题,就是个将矩阵对角化的问题。考察简单的矩阵$\begin{bmatrix} 0 & 1 \\ 1 & 0 \end{bmatrix}$,有$\begin{bmatrix} 0 & 1 \\ 1 & 0 \end{bmatrix}\begin{bmatrix} 1 \\ 1 \end{bmatrix} = 1\times\begin{bmatrix} 1 \\ 1 \end{bmatrix}$,$\begin{bmatrix} 0 & 1 \\ 1 & 0 \end{bmatrix}\begin{bmatrix} 1 \\ -1 \end{bmatrix} = -1\times\begin{bmatrix} 1 \\ -1 \end{bmatrix}$,因此我们可以说矩阵$\begin{bmatrix} 0 & 1 \\ 1 & 0 \end{bmatrix}$的本征值为 1 和 -1,对应的本征矢量分别为$\begin{bmatrix} 1 \\ 1 \end{bmatrix}$和$\begin{bmatrix} 1 \\ -1 \end{bmatrix}$。矩阵可表示操作。矩阵$\begin{bmatrix} 0 & 1 \\ 1 & 0 \end{bmatrix}$表示的操作就是对调(平面坐标系的)$x$和$y$。

不知道薛定谔写下"量子化是本征值问题"这个论文题目时是怎么想的。1987 年有人弄懂了这句话的意思,把麦克斯韦方程组也写成了本征值问题,从而有了光子晶体。光子晶体的概念让我们理解了为什么蝴蝶的翅膀在不同的方向上颜色不一样。不同的方向上,物理是不一样的哦。

---

① Operator,将之译成操作(者),指它代表一个 operation。有时 operator 被译成算符、算子,则过分强调了其数学层面的意义而把其物理本源给弄丢了。

5.4　波动力学与矩阵力学的等价性

到了 1926 年,人们有了两套不同的理论体系来处理量子现象:海森伯的矩阵力学和薛定谔的波动力学。这两者的数学看似不一样,其赖以出现的出发点和构造方法也不同,但感觉上它们似乎又是等价的。薛定谔自己先注意到了这个问题,他于 1926 年 5 月证明了波动力学被包含在矩阵力学中,任何算符在一个完备正交系的空间中都可以被表示为一个矩阵,即对于力学算符 $\hat{O}$,有矩阵 $O_{nm} = \int \psi_m^* \hat{O} \psi_n \mathrm{d}\tau$,$\mathrm{d}\tau$ 是空间的体积元。但是,他无法证明矩阵力学意义下的矩阵一定对应一个波动力学的算符。1926 年秋,狄拉克构造了一般线性变换的理论,给出希尔伯特空间的幺正变换。狄拉克第一个指出,矩阵隐含的本征矢量实际上对应波动力学里的本征态。因此,矩阵力学和波动力学明面上的不一致,即矩阵力学中只有矩阵而波动力学里有态函数和算符两类对象,被消除了。

1926 年底,狄拉克发明了一套称为态矢量的记号,他把括号这个英文字 bracket 拆成 bra 和 ket,用来分别命名符号 $\langle |$ 和 $| \rangle$。在这样的括号中加入一些特征指标或者符号就代表一定的状态,比如 $| n, l, m; m_s \rangle$ 就表示处于由四个量子数描述的原子中电子的状态波函数,$\langle n, l, m; m_s |$ 是该波函数的复共轭,至于函数的具体形式,反而不必要写出来。这带来了极大的简化。比如 $O_{nm} = \int \psi_m^* \hat{O} \psi_n \mathrm{d}\tau$ 如今就可以写成 $O_{nm} = \langle \psi_m | \hat{O} | \psi_n \rangle$,甚至 $O_{nm} = \langle m | \hat{O} | n \rangle$。但是,狄拉克的量子力学数学有失严谨,也不足以证明波动力学与矩阵力学的等价性。这个问题的完全解决是由诺依曼在 1929 年完成的,其中心思想是波动力学和矩阵力学为同一个希尔伯特空

间的拓扑同构且等度规的不同实现①。

注意，矩阵力学是个全新的概念，但波动力学却未必是。经典力学和光学在哈密顿那里本就是一体的学问②，光学有几何光学和波动光学的说法，波动力学的概念是有历史渊源的。

5.5 氢原子问题薛定谔方程的解

薛定谔的波动方程是从物理学家所谓的波动解③ $e^{i(kx-\omega t)}$ 出发，揉入作为量子特征的普朗克常数而构造得来的。仅是具有德布罗意的物质波表示所要求的内容不足以确立它的地位。作为描写电子行为的方程，它应该能导出或者诠释更多的关于电子的行为，比如在原子中通过在不同能级间的跃迁所引起的发光行为。薛定谔决定把他的波动方程应用于氢原子。

薛定谔发现，此前那些由玻尔和索末菲等人引入的量子化步骤，可以由别的要求所取代。那些整数的量子数是以类似弦振动的节点数（图5.3）的面目出现的，因此更明确，也就合理些。按照薛定谔自己的话说，它更加深刻地触及量子步骤的真实本质（rührt sehr tief an das wahre Wesen der Quantenvorschriften）。

如前所述，电子通过与距离平方成反比的库仑力被原子核束缚，这和行星被太阳束缚类似，相互作用的势能都是 $U(r)\sim-1/r$，后者是经典力学里的开普勒问题。薛定谔用他的方程处理氢原子的量子力学问题，即本征值问题，他面对的方程有点复杂。‖④将坐标原点选在原子核上，选取

---

① 这一点证明要用到泛函分析中的 Riesz - Fischer 定理，一般量子力学教科书都不作介绍。

② 认真学习一下经典力学和光学就明白了，而且有助于对波动力学的理解。

③ 落实为数学表示的物理世界同真实的物理世界之间是有些距离或者说是偏差的，但脱离了数学所谈论的物理世界恐怕离真实更远。

④ 此符号所包括的部分在阅读时可跳过，不妨碍理解。

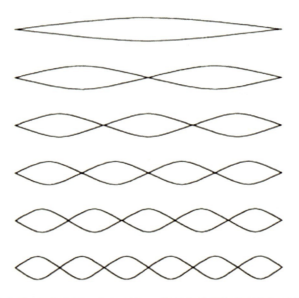

图 5.3　两端固定的弦的振动。高频率倍频意味着更多的弦振动节点,即保持不动的点

球坐标系,电子的位置坐标为 (r,θ,φ),其中 r 是离开原子核的距离,θ 是极角,φ 是方位角。这样,电子受到的库仑势能是 $U(r)\sim-e^2/r$,则关于氢原子中电子的定态薛定谔方程为

$$-\frac{\hbar^2}{2m}\left[\frac{1}{r^2}\frac{\partial}{\partial r}\left(r^2\frac{\partial}{\partial r}\right)+\frac{1}{r^2\sin\theta}\frac{\partial}{\partial\theta}\left(\sin\theta\frac{\partial}{\partial\theta}\right)\right.$$
$$\left.+\frac{1}{r^2\sin\theta}\frac{\partial^2}{\partial\varphi^2}\right]\psi-\frac{e^2}{r}\psi=E\psi \tag{5.4}$$

这个方程的结构允许它的解写成不同变量函数的乘积,$\psi(r,\theta,\varphi)=\chi(r)Y(\theta,\varphi)$,其中,$Y(\theta,\varphi)$ 满足方程

$$\left[\frac{1}{\sin\theta}\frac{\partial}{\partial\theta}\left(\sin\theta\frac{\partial}{\partial\theta}\right)+\frac{1}{\sin\theta}\frac{\partial^2}{\partial\varphi^2}\right]Y(\theta,\varphi)=-\lambda Y(\theta,\varphi)$$

函数 $Y(\theta,\varphi)$ 应该是关于 θ 和 φ 的单值函数,这样就有了磁量子数 m,它是由 $Y(\theta,\varphi)$ 关于方位角的周期性要求确定的;进一步地有角动量量子数 l,它是由 $Y(\theta,\varphi)$ 关于极角的周期性要求确定的。同时,有条件 $\lambda=l(l+1)$。函数 $Y(\theta,\varphi)$ 被称为球谐函数,为

$$Y_\ell^m(\theta, \varphi) = (-1)^m \sqrt{\frac{(2\ell+1)}{4\pi} \frac{(\ell-m)!}{(\ell+m)!}} e^{im\varphi} P_\ell^m(\cos\theta) \qquad (5.5)$$

其中 $P_\ell^m = \dfrac{(-1)^m}{2^\ell \ell!}(1-x^2)^{m/2}\dfrac{\mathrm{d}^{\ell+m}}{\mathrm{d}x^{\ell+m}}(x^2-1)^\ell$ 是连带勒让德函数。这个球谐函数就是描写原子层外电子壳层分布的数学工具，是理解原子化学性质的关键。相应地，关于变量 r 的函数 $\chi(r)$ 满足方程

$$-\frac{\hbar^2}{2m}\frac{1}{r^2}\frac{\partial}{\partial r}\left(r^2\frac{\partial}{\partial r}\right)\chi + \frac{\ell(\ell+1)}{r^2}\chi - \frac{e^2}{r}\chi = E\chi$$

这个方程有规则的解要求 $E = -\dfrac{m_e e^4}{2\hbar^2 n^2}$，其中的整数 n 要满足 $n > \ell$. ∥

薛定谔由此得到了氢原子中量子化的能量表述 $E = -\dfrac{m_e e^4}{2\hbar^2 n^2}$，与玻尔－索末菲的旧量子力学处理的结果不同，他还得到了对应的波函数 $\psi(r, \theta, \varphi)$ 的精确形式。波函数 $\psi(r, \theta, \varphi)$ 由三个量子数 (n, ℓ, m) 表征，这三个量子数不再是来自强行假设的量子化条件，而是来自对波函数性质的数学要求（单值，有限）。如同经典的弦振动中的波节或者节点的数目，量子数是以一种自然而然的方式出现的。

这一部分的数学即使是对薛定谔这样的理论物理教授来说，也不是很容易的，很多人学量子力学时就被这些数学给吓回去了。但薛定谔幸运的是，他在苏黎世为此问题苦恼的时候身边有个比他年长 7 岁的数学物理大师外尔（Hermann Weyl），这些数学对于外尔来说就是小菜了。外尔后来在群论在量子力学中的应用、规范场论和相对论等方向上都做出了奠基性的工作。在正确的时刻身边有正确的朋友，对一个人的成功是非常重要的。

针对不同形式的势能分布会遇到别的作为薛定谔方程解的函数。比如，贝塞尔函数 $J_n(x) = \pi^{-1}\int_0^\pi \cos[n\tau - x\sin(\tau)]\mathrm{d}\tau$（图5.4）。对于任意给定的整数 n，$J_n(x)$ 都会有无穷多的零点 x_m，即 $J_n(x_m) = 0$。这样的 x_m 虽然不是整数，但也是量子数。从图5.4更容易理解"量子数来自对波函数数学性质的要求"这句话的意思。

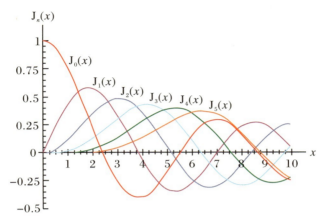

图 5.4　贝塞尔函数 $J_n(x)$ 的图像。每个函数都有无限多个零点

由薛定谔方程导出的能量表示好理解。可是，这个波函数呢，它的物理意义是什么？

5.6　算符、波函数与希尔伯特空间

定态薛定谔方程是形式上为 $\hat{H}\psi = E\psi$ 的本征值问题，算符 $\hat{H}$ 是系统的哈密顿量，E 是系统的能量。考察一般性的算符本征值问题 $\hat{O}\psi = \lambda\psi$，关于算符、本征值和本征函数（本征矢量），量子力学有什么特殊的要求呢？如果算符 $\hat{O}$ 是个物理操作的话，它的本征值是个物理量，因此我们要求它是实数。这对算符就是个约束，要求它是自伴随的。自伴随算符（self-adjoint operator）的本征值就是实的，且对应不同的本征值的本征函数相互之间是正交的。尤为重要的是，所有的本征函数构成一组完备正交基。由一个算符的所有本征函数作为基所张成的空间被称为希尔伯特空间，它是一个线性矢量空间，是一个内积空间。内积是矢量乘积的一种。对于三维欧几里得空间中的矢量，内积定义为 $A \cdot B = a_x b_x + a_y b_y + a_z b_z$。波函数是函数空间中的矢量，内积定义与此类似，只是把求和改成了积分，

$(\psi_1, \psi_2) = \int \psi_1^* \psi_2 d\tau$。有了内积的定义，上节中的内容就好理解了。用内积的表示，自伴随算符是这样的算符，$(\hat{O}\psi_1, \psi_2) = (\psi_1, \hat{O}\psi_2)$。自伴随算符的本征值与其自身的复共轭相等，即若有 $\hat{O}\psi = \lambda\psi$，则必有 $\lambda = \lambda^*$，因此 λ 是实数。相应地，不同本征值对应的本征函数是正交的（互相垂直的），即如果 $\lambda_i \neq \lambda_j$，则必有 $(\psi_i, \psi_j) = \int \psi_i^* \psi_j d\tau = 0$。如果一个本征值对应几个本征函数，总可以将几个本征函数重新组合成相互正交的。

量子力学里的算符是自伴随算符，它的所有本征函数如同笛卡尔坐标系的坐标轴一样是互相垂直的，且构成一个完备的矢量空间（图5.5）。在欧几里得空间（以三维为例）中，任意矢量是三维基矢量的线性叠加，$r = ai + bj + ck$，其中系数都是实数。而在由算符的本征函数 $(\psi_1, \psi_2, \cdots, \psi_n)$（其数目可能是有限的也可能有无限多个）张成的希尔伯特空间中，任一矢量（波函数）是本征函数的线性叠加

$$\psi = \alpha_1\psi_1 + \alpha_2\psi_2 + \cdots + \alpha_n\psi_n \tag{5.6}$$

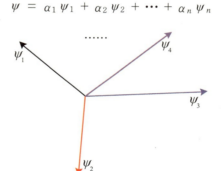

图5.5　不同的本征函数如同坐标轴，张起了一个空间

其中的系数 α 都是复数。式(5.6)意味着，体系的任意两个状态，其对应波函数的线性叠加也对应体系的一个可能的状态。这就是所谓量子力学中的态叠加原理。薛定谔的波动力学允许态叠加原理，使它有了解释干涉现象的可能。光通过双缝的干涉花样，当初就是杨用（水）波的叠加解释的。有人说经典力学和量子力学中的波的叠加不一样，其实本质上还不都是三

角函数的加法[①]。

冯·诺依曼(John von Neumann)把一个算符的本征函数张成的空间称为希尔伯特空间[②]。进一步地,他还假设如果一个物理量处于式(5.6)的状态,对它测量的结果每次只能得到其中的一个本征值,测量后系统的状态落入此本征值对应的本征态,即测量时状态发生了坍缩——坍缩到某个特定的本征态。对大量的处于式(5.6)那样的状态进行测量,各个本征值会以$|\alpha_i|^2$的比例随机地出现。这就是所谓的测量假设。冯·诺依曼关于量子测量的假设很难令人信服,目前这方面的研究和争吵依然激烈。

5.7　波函数的几率诠释

薛定谔方程为物理学带来了一个怪物:波函数ψ。它是什么?它在物理中到底是什么意思?薛定谔在 1926 年的论文没讨论,后来也没见到他愿意接受哪种对波函数ψ的诠释。有趣的是,在 1926 年文章第一部分结尾的更正部分,薛定谔冷不丁地补充了一句波函数ψ满足归一化条件,即$\int \psi^2 d\tau = 1$[③],它是作为函数ψ要满足哈密顿积分取极值这一变分问题[④]的辅助条件被加上的。但是,在薛定谔的论文第四部分发表刚几天,玻恩(Max Born)就指出波函数ψ的诠释是:$|\psi|^2$,即波函数的模平方,表示粒子在空间体积元 dτ 内的几率密度,即 $|\psi|^2$dτ 表示粒子出现在空间体积元

---

① 物理学家挺可怜的。他们试图借助数学工具去到那些他们无法实际进入的世界。有些半吊子物理学会因此产生他们真的进入了那些"物理世界"的幻觉。

② 诺依曼在讲解他的希尔伯特空间的概念时,希尔伯特在下面问:"什么是希尔伯特空间?"

③ 原文如此。因为波函数是复数,所以正确的写法应该是$\int |\psi|^2 d\tau = 1$。

④ 在经典力学和光学中,一些方程或定律常常被表示为某个积分取极值的条件。这种做法被称为变分法。比如,镜面反射定律可表述为镜面一侧从一点经镜面到另一点的光路取极值的条件。

$\mathrm{d}\tau$ 内的几率，自然地，在全空间中该粒子被找到的几率为 1。因此，对波函数 ψ 应有归一化条件 $\int |\psi|^2 \mathrm{d}\tau = 1$。

注意，薛定谔方程中出现了单位虚数"i"，波函数 ψ 是个复函数，它可以表示为实部加虚部，即 $\psi = \mathrm{Re}\,\psi + \mathrm{Im}\,\psi$，也可以表示为振幅，或曰模，乘上用相位角 θ 表示的单位复数，即 $\psi = |\psi|\mathrm{e}^{\mathrm{i}\theta}$。如同简单的复数一样，波函数 ψ 可以定义模平方 $|\psi|^2 = \psi^*\psi = (\psi,\psi)$，这个算法叫内积。以算符本征值为基矢的希尔伯特空间是内积空间，可以定义矢量间的夹角 θ，而 $\cos^2\theta$ 在 $(0,1)$ 区间内变化，因此是可以用来描述概率的。由此，玻恩才提出，波函数 ψ 满足归一化条件 $\int \psi^*\psi\,\mathrm{d}\tau = 1$，则 $\psi^*\psi\,\mathrm{d}\tau$ 就代表在体积元 $\mathrm{d}\tau = \mathrm{d}x\mathrm{d}y\mathrm{d}z$ 中找到粒子的几率，或者 $|\psi|^2$ 就是几率密度。这就是波函数的几率诠释。

玻恩的诠释如今是对波函数 ψ 的正统诠释[①]，但偏偏薛定谔本人就不能接受这样的诠释。关于波函数 ψ 的诠释现在也仍有人在研究。不过，考虑到波函数 ψ 是希尔伯特空间中的矢量，而希尔伯特空间是标准的内积空间，归一化条件 $\int |\psi|^2 \mathrm{d}\tau = 1$ 和玻恩的诠释从数学角度来看是非常自然合理的。要想为波函数 ψ 找到数学上自洽且物理上又有新意、又更有说服力的其他解释，恐非易事。

5.8 量子力学动力学与守恒量

薛定谔方程 $\mathrm{i}\hbar\,\partial\psi/\partial t = \hat{H}\psi$ 指明量子力学是本征值问题，具体内容取决于哈密顿量的形式。哈密顿量的形式决定了波函数是在怎样的一个希尔伯特空间中的矢量。对于给定状态下的粒子，薛定谔方程 $\mathrm{i}\hbar\,\partial\psi/\partial t = \hat{H}\psi$

---

① 玻恩的诠释不是心血来潮。如果认定波函数构成矢量空间，其中能定义长度和角度，且三角不等式成立，那么 $|\psi|^2\mathrm{d}\tau$ 就是个可理解为几率的量。参阅 Yuri I. Manin, Mathematics and physics, Birkhäuser 1981.

或者说是哈密顿量的形式，又决定了其物理量随时间的演化方式。

考虑给定状态 $\psi(t)$ 下算符 $\hat{A}$ 的期待值随时间的变化，假设该算符不显含时间 t（比如动量算符 $\hat{p} = -i\hbar\partial/\partial x$），则有

$$
\frac{\mathrm{d}}{\mathrm{d}t}\langle\hat{A}\rangle = \frac{\mathrm{d}}{\mathrm{d}t}\{\psi(t), \hat{A}\psi(t)\}
$$

$$
= \left\{\frac{\partial\psi(t)}{\partial t}, \hat{A}\psi(t)\right\} + \left\{\psi(t), \hat{A}\,\frac{\partial\psi(t)}{\partial t}\right\} \tag{5.7}
$$

将薛定谔方程写成 $\dfrac{\partial\psi}{\partial t} = \dfrac{1}{i\hbar}\hat{H}\psi$，代入式(5.7)，可得

$$
\frac{\mathrm{d}}{\mathrm{d}t}\langle\hat{A}\rangle = \frac{1}{i\hbar}\langle[\hat{A}, \hat{H}]\rangle \tag{5.8}
$$

如果算符 $\hat{A}$ 和哈密顿量对易，$[\hat{A}, \hat{H}] = 0$，则该算符的期待值不随时间变化，是一个守恒量。

式(5.8)给出了判断体系守恒量的一个判据。比如对于氢原子这样的问题，$\hat{H} = \hat{p}^2/2m + V(r)$，显然 $\hat{H}$ 不显含 t，自然有 $[\hat{H}, \hat{H}] = 0$，所以能量守恒。又，角动量算符 $\hat{L} = \hat{r} \times \hat{p}$ 不显含 t，且有 $[\hat{L}, \hat{H}] = 0$，所以角动量守恒。守恒量是运动体系的特征，从守恒量出发可以方便地把握体系的动力学。

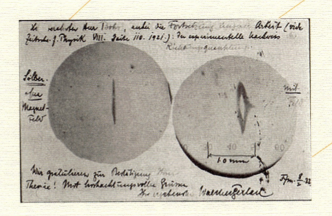

第6章

自　　旋

6.1 塞曼效应

有必要考察一下光谱线的发射过程是如何受外场影响的。既然光是电磁波，发光过程会受电磁场影响原是应有之义。1845 年，法拉第（Michael Farady，1791—1867）就发现在物质中传播的偏振光，若沿传播方向加一电场，则光的偏振方向会发生旋转。此即所谓的电光现象（electro-optic effect）。那么将发光体置于电磁场中，会发生什么现象呢？

荷兰物理学家塞曼（Pieter Zeeman，1865—1943）于 1896 年在研究克尔现象（折射率随外加电场改变的现象，为 John Kerr 于 1875 年发现）时忽然心血来潮，他想知道外加电磁场是否也会改变发光的频率。塞曼把火苗置于磁场中，发现盐水发射的钠双黄线（D_1，波长 589.6 nm；D_2，波长 590 nm）在磁场中会分别分裂成 6 条和 4 条（图 6.1），而且分裂的间距（频率差）会随磁场的增强而加大[1]。别的发光过程产生的谱线在磁场中也都

图 6.1 磁场下的钠原子，其发射的双黄线 D_1 和 D_2 分别分裂成 6 条和 4 条

---

[1] P. Zeeman, The Effect of Magnetisation on the Nature of Light Emitted by a Substance, Nature 55, 347(1897).

会发生分裂,且分裂出的谱线数目各有定数,比如锌的 468 nm 谱线会分裂成 3 条。发光体置于磁场中导致的谱线分裂现象被称为塞曼效应。运用洛伦兹的经典理论或者 1920 年以前的量子理论,总是得出谱线在磁场中三重分裂的结论,显然这不足以解释塞曼效应的全部。

发光谱线在电场中也会发生分裂,此现象被称为斯塔克效应,是斯塔克(Johannes Stark,1874—1957)于 1913 年发现的。有趣的是,虽然电场下的效应一般比磁效应要强,但由于物质整体上都是电中性的而不一定是非磁性的,斯塔克效应要比塞曼效应难以观察到。也许你已经猜到了,斯塔克效应可以在氢的发光过程中观察到。

6.2　斯特恩-盖拉赫实验

设想如下景象:"一队面目不清的人从某建筑一侧的一个入口进去,在另一侧的两个出口出来时鲜明地分离成了人数大致相等的男队和女队。"容易想到这样的建筑可能是卫生间。好吧,故事继续。选择其中的一队,比如男队,进入一个与此前的卫生间垂直的另一处卫生间,从一侧的入口进去,那么在另一侧的出口处我们将会观察到什么景象呢? 经验告诉我们在第二个卫生间的另一侧的两个出口之一会出来一队男性。哪怕有个别鲁莽的家伙从另一个出口溜出来,那也应该还是男性。如果有人告诉你结果是从两个出口分别出来了男队和女队,且人数各是进来人数的一半。你的判断是什么? 太诡异了,不可能! 可是,这个世界还真有这样诡异的事情,这就是斯特恩-盖拉赫(Stern-Gerlach)实验。

在 1920 年以前,斯特恩和盖拉赫都有过摆弄原子束的经历。斯特恩研究过原子束中原子的速度分布,而盖拉赫想知道铋原子束是否也同铋晶体一样有强的抗磁性。在 1921 年,斯特恩觉得应该实验研究一下玻尔的空间量子化的概念,即原子中的电子只占据一些特定的轨道,因而轨道角动量只取一些分立的值。根据此一假设,原子的角动量的取向也是分立的。观察原子束如何受磁场的影响可以验证这个假设。斯特恩和盖拉赫的实验使用的是银原子束，让银原子束水平通过一段在垂直方向上非均匀的磁场，观察受磁场影响后的银原子束是如何被偏置的。1922 年的研究结果发现，垂直方向上非均匀的磁场确实将银原子束分成了上下两束（图6.2）。斯特恩－盖拉赫实验是科学史上第一个人为设计的观测量子态的实验。

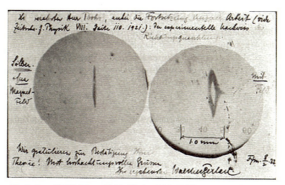

图 6.2　斯特恩－盖拉赫实验的原始记录。被非均
匀磁场偏置的银原子束被分成了两束，在
金属盘上沉积后留下了两条痕迹[①]

那么，斯特恩－盖拉赫实验是不是就证明了空间量子化理论了呢？哦，别着急，物理比一般人想象的要简单，但比物理学家能想象的要复杂一点。这一发现是一把双刃剑，爱因斯坦和埃伦菲斯特等人努力想弄明白原子磁体是如何在外场中采取一定的、预设的取向的，因为原子和外场的相互作用能是取向的函数，束流中的原子低密度不足以引起原子间的能量交换，则依随机取向进入磁场的原子是如何发生分裂成为截然分开的两束的问题依然悬而未决。斯特恩－盖拉赫实验与空间量子化之间的皆大欢喜的相符不过是个幸运的巧合。以后我们会明白，银原子的轨道角动量实际上是零，而不是玻尔模型所假定的 $1\hbar$，其磁矩源自大小为 $\frac{1}{2}\hbar$ 的电子自

[①]　薄薄的一层银原子当然不会留下黑色的条纹，黑色条纹是烟熏的结果。斯特恩看结果时叼着劣质卷烟，含硫。注意，由于离开中心处磁场（梯度）消失，银原子束自然不再会分开，因此结果得到的银原子分布是唇形的。

旋角动量,因此在磁场中分裂成了两束。自旋理论要到 1925 年才被提出,而用自旋的概念对斯特恩－盖拉赫实验的重新解释要等到 1927 年。实际的物理探索过程就是这样,错误与正确交织,失望与希望并存。我们在黑暗中摸索,远处的些微亮光让我们拥有继续探索的勇气。当希望被证明是失望的时候,我们悄悄地转向。科学家们知道,希望在不可预知的另一处。

图 6.3　系列斯特恩－盖拉赫实验。斯特恩－盖拉赫装置(S－G)后面的
　　　　任一束银原子,在经过与前一个 S－G 垂直的 S－G 后又会被分
　　　　为两束

斯特恩－盖拉赫实验神奇的地方在于其系列实验的结果。将前一次经非均匀磁场分开的原子束之一导入一个与此前的磁场垂直的非均匀磁场,则该原子束又分成了两束。将第二次获得的原子束之一导入一个与第一个磁场同样放置的非均匀磁场,则能再现第一个磁场后面出现的结果(图 6.3)。太不可思议了。解释这样的奇异现象是自旋概念的成功之一。

6.3　自己转的电子

地球除了绕太阳公转(revolve)以外,它还自转(spin),前者的周期是我们的一年,后者的周期是我们的一天。氢原子的玻尔模型断言电子在绕原子核的分立轨道上转动,它也会自转吗?据说最早想到电子会自旋的是康普顿,他在 1921 年试图用量子化的电子绕自身某个轴的转动来解释磁矩具有自然单位这个问题。

为了解释碱金属(锂、钠、钾等元素)发射光谱的双线特征,比如钠黄线是相隔仅 0.6 nm 的双线,1924 年泡利提出了电子存在一个"二值的"量子自由度的建议。这样，在每个原子的轨道上，或者说是由(n, l, m)所标记的轨道上只允许存在两个电子。这就是所谓的泡利不相容原理。克罗尼希（Ralph Kronig，1904—1995）在1925年初把这个"二值的"自由度理解为电子的自旋（self-rotation）。但是，电子自身在转动的图像无法让人接受，自旋的电子要想产生它所表现的那么大的角动量，其表面速度要大于光速，而这是违反狭义相对论的。

1925年秋，在荷兰的莱顿，有幸曾有机会接触过德国光谱学家帕邢和荷兰光谱学家塞曼之光谱研究结果的古德斯密特（Samuel Abraham Goudsmit）迎来了一位朋友乌伦贝克（George Eugene Uhlenbeck）。按照古德斯密特的说法，乌伦贝克对当时的物理研究和物理学家几无所知但物理感觉很好，因此他要向乌伦贝克学习物理。在研究氢原子谱线的精细结构①和氦原子谱线的时候，发现可以用一个公式解释谱线的双线结构，不过光谱项中会出现$\frac{3}{2}$、$\frac{5}{2}$这样的半整数。这当然也能解释塞曼现象。只要假设电子具有一定量的磁矩，对光谱项的改变就好理解了。

古德斯密特对乌伦贝克解释泡利的不相容原理，以及他的光谱项里的半整数。乌伦贝克说这意味着（电子的）第四个自由度。这个自由度被理解为电子绕一个固定的轴转动，这产生了一个固定的磁矩。他们于1926年发表了电子自旋的假说②，如果这个假说成立，光谱的精细结构和塞曼效应都能得到解释。至于电子自转的图像会产生其他困难，那有什么关系呢？

---

① 原来看似一条谱线，如果分辨率更高的话，会发现是由两条或者多条谱线组成的。这是所谓的精细结构。当然未来我们还会遇到超精细结构。

② G. E. Uhlenbeck and S. Goudsmit, Spinning Electrons and the Structure of Spectra, Nature 117, 264 - 265 (1926).

6.4　自旋与泡利矩阵

尽管泡利反对电子的内禀角动量来自自转（self-rotation）的说法，他还是在 1927 年构造了描述电子自旋（现在我们管它叫 spin）角动量的理论。自旋有两个特征：1) 它是"二值"的，且某种意义上这两个值是等价的（par[①]）；2) 自旋和轨道角动量要满足同样的代数。据此，泡利提出自旋的三个分量可以由如下矩阵给出：

$$\boldsymbol{\sigma}_x = \begin{bmatrix} 0 & 1 \\ 1 & 0 \end{bmatrix}; \quad \boldsymbol{\sigma}_y = \begin{bmatrix} 0 & -i \\ i & 0 \end{bmatrix}; \quad \boldsymbol{\sigma}_z = \begin{bmatrix} 1 & 0 \\ 0 & -1 \end{bmatrix} \qquad (6.1)$$

这就是所谓的泡利矩阵。容易验证，它们的本征值都是 1 和 -1；此外，它们满足关系式 $\boldsymbol{\sigma}_i\boldsymbol{\sigma}_j - \boldsymbol{\sigma}_j\boldsymbol{\sigma}_i = 2i\varepsilon_{ijk}\boldsymbol{\sigma}_k$，这里的 ε_{ijk} 是所谓的 Levi-Civita 符号[②]。有了泡利矩阵，就可以构造电磁场中电子的量子力学了。电磁场用标量电势 φ 和磁矢量势 $\boldsymbol{A} = (\boldsymbol{A}_x, \boldsymbol{A}_y, \boldsymbol{A}_z)$ 来描述。对于在电磁场中质量为 m、带电荷 e、自旋为 $\frac{1}{2}$ 的粒子，量子力学方程为

$$\left\{ \frac{1}{2m} \left[\boldsymbol{\sigma} \cdot (\hat{p} - eA) \right]^2 + e\varphi \right\} |\psi\rangle = i\hbar \frac{\partial}{\partial t} |\psi\rangle \qquad (6.2)$$

其中 $|\psi\rangle = \begin{pmatrix} \psi_+ \\ \psi_- \end{pmatrix}$ 是个 1×2 的矩阵，两个分量分别对应粒子自旋向上和向下的波函数。

注意，三个泡利矩阵若加上单位矩阵 $\boldsymbol{\sigma}_0 = \begin{bmatrix} 1 & 0 \\ 0 & 1 \end{bmatrix}$ 就能和狭义相对论联系到一起了。令人惊讶的是，1928 年狄拉克构造了满足爱因斯坦狭义

---

① 　动词，对等，由此导出了 parity（宇称）这个重要的对称性，其特征就是本征值为 1 和 -1。

② 　Levi-Civita 符号 ε_{ijk}，当 $ijk = (1,2,3),(2,3,1),(3,1,2)$ 时它的值为 1；当 $ijk = (1,3,2),(2,1,3),(3,2,1)$ 时它的值为 -1。Levi-Civita 符号是广义相对论要时常用到的。

相对论的量子力学方程,即狄拉克方程。根据狄拉克的相对论量子力学,如果要求一个自由的电子角动量守恒的话,则必须要在角动量算符 $\hat{\boldsymbol{L}} = \hat{\boldsymbol{r}} \times \hat{\boldsymbol{p}}$ 上额外添加 $\frac{1}{2}\hbar$ 才行。也就是说,不考虑其运动状态,电子本身就带有 $\frac{1}{2}\hbar$ 的自旋角动量,而这正是此前人们从光谱和原子束研究得出的结论。又一次,从不同的地方因为不同的目的出发,且是经过不同的路径,人们达到了同一个结论。是否拥有这种自洽性,是判断物理理论是否正确的一个关键判据。

至此,我们有了一个大致完备的描述原子中电子行为的量子力学。简单地说,电子行为由波函数表述,波函数是个复(值)函数,它的模平方代表电子在空间某处被找到的几率密度。波函数由四个量子数 $(n, l, m; m_s)$ 表征。这样的量子力学要显示它解释世界的威力了。当然,它的威力还不止于解释!

6.5　粒子的自旋标签

关于光谱线的研究,最终导致了电子具有自旋角动量的结论。如今我们不再把自旋(spin)理解为粒子绕自身某个轴的转动,而是说它是粒子的内禀性质。或者,如同质量和电荷,自旋是粒子的一个标签。近代物理研究表明,对于所有的基本粒子,我们都可以赋予其一个自旋的标签。电子、质子、中子、中微子等,自旋为 1/2;而光子、胶子的自旋为 1。自旋为整数的粒子和自旋为半整数的粒子,其群体行为是不同的,这是量子统计力学所关切的话题。

引入自旋后,原子中电子的状态可以由一组四个量子数 $(n, l, m; m_s)$[①]来标示,其中自旋的标签与其他的标签相互间是独立的。

---

① 四量子数的正确解释或许是三量子数加一个特定的代数结构。

用波函数来说,有关系式

$$\psi_{nlm;m_s}(\boldsymbol{x}) = \psi_{nlm}(r,\theta,\varphi)\psi(s_z) \tag{6.3}$$

这意思是说,电子的波函数由空间波函数 $\psi_{nlm}(r,\theta,\varphi)$ 和自旋波函数 $\psi(s_z)$ 的乘积构成。自旋波函数有两个分量,分别对应自旋的 z 方向投影为 $+1$ 和 -1 的两种情形。

6.6 选择定则

原子发光是由电子自高能量状态向低能量状态跃迁造成的。假设电子的跃迁过程由跃迁矩算符 $\hat{\mu}$ 描写,跃迁涉及的初态和终态波函数分别为 ψ_i 和 ψ_f,则跃迁发生的几率与跃迁矩积分 $\int \psi_f^* \hat{\mu} \psi_i \mathrm{d}\tau$ 有关。具体的跃迁几率有多大,当然要在算符 $\hat{\mu}$ 以及波函数 ψ_i 和 ψ_f 都已知的前提下才能计算出来,不过要判定在哪些情况下 $\int \psi_f^* \hat{\mu} \psi_i \mathrm{d}\tau$ 不为零,则仅凭发光过程的物理要求加上算符 $\hat{\mu}$ 以及波函数 ψ_i 和 ψ_f 的对称性就能做到个大概。

关于发光的一个硬性条件是,电子在发光前后的总角动量必须相差 1,因为光子的自旋为 1。电子在原子中的总角动量为 $\boldsymbol{J}$,$\boldsymbol{J} = \boldsymbol{L} + \boldsymbol{S}$,总角动量的投影为 m_j。那些总角动量差别不满足此条件的两个状态,它们之间就没有辐射跃迁。跃迁矩积分 $\int \psi_f^* \hat{\mu} \psi_i \mathrm{d}\tau$ 不为零,相应的条件即是跃迁的选择定则。对应简单的电偶极矩跃迁,即跃迁矩算符 $\hat{\mu} = e\hat{r}$,跃迁条件如下:(1) $\Delta J = 0, \pm 1$,不包括 $J = 0 \mapsto J = 0$ 的情形;(2) $\Delta m_j = 0, \pm 1$;(3) $\pi_f = -\pi_i$。这里的 π 为 1,或者 -1,是宇称算符 $\hat{\Pi}$ 的本征值,由关系式 $\hat{\Pi}\psi(x) = \psi(-x) = \pi\psi(x)$ 定义。在多原子体系中,电子的跃迁会和转动、振动模式耦合在一起,选择定则更复杂。跃迁规则是光谱学研究者需掌握的简要的量子力学内容。

6.7 量子力学的代数

量子力学提供了一个观察世界和理解世界的新体系,则它对世界的描述以及它自己的发展必然要借助甚至带来新的数学。在量子力学学习初期能学会从数学的角度看量子力学,必能收到事半功倍的效果[①]。

我们注意到,在经典物理中,物理量一般是具体的数,比如某段距离为110米,某传播速度为340米/秒,等等。而在量子力学中,物理量是算符(操作),只有作用到系统的具体态上它才有具体的值,恼人的是,它针对同一个状态可能得到一组不同的值;幸运的是,这组不同的值是由算符自身的性质决定的。

量子力学关切不同算符 $\hat{A},\hat{B}$ 之间的对易关系[②]$[\hat{A},\hat{B}]=\hat{A}\hat{B}-\hat{B}\hat{A}$。不同的算符之间有不同的对易关系,对应不同的物理量之间的关联。对易关系的一种情形是$[\hat{A},\hat{B}]=\hat{A}\hat{B}-\hat{B}\hat{A}=0$,此时我们说算符 $\hat{A},\hat{B}$ 之间是对易的。对易的算符有共同的本征态,当算符作用到这样的本征态上时它们都有确定的值。比如,对于氢原子,其哈密顿量 $\hat{H}$ 和角动量算符 $\hat{L}$ 是对易的,$[\hat{H},\hat{L}]=0$。这样,对应确定能量(哈密顿量 $\hat{H}$ 的本征值)的系统也有确定的角动量。

对易关系的第二种情形是$[\hat{A},\hat{B}]=\hat{A}\hat{B}-\hat{B}\hat{A}$ 为一常数,第一个得到的这样的关系是$[\hat{x},\hat{p}]=i\hbar$,实际上它就是表示 $\hat{p}_x=-i\hbar\partial_x$ 的基础。这样的一对算符是非对易的,即一者的本征态不必然是另一个的本征态。一般来说,这样的两个算符不会同时拥有确定的值。这个性质在 1927 年被

[①] 充斥着脱离数学的讨论也算是量子力学的一大特色,这有它的必然性,但真想学懂量子力学者应对此保持足够的警惕。

[②] 还有反对易关系$[\hat{A},\hat{B}]=\hat{A}\hat{B}+\hat{B}\hat{A}$。

海森伯演绎成了不确定性原理,并被后人滥用,被诠释为不能同时精确测量微观粒子的位置和动量:位置测量越准确,动量测量就越不准确。其实,海森伯自己也不知道他在说什么,所以用了 Ungenauigkeit(不精确)、Unbestimmtheit(不确定性)和 Unsicherheit(拿不准)三个概念阐述他的发现。我们只要记住非对易的两个算符一般不会同时拥有确定值就行了,太多的发挥会背离物理的严谨精神。即使是在经典力学中,我们也无法精确测量一个粒子的位置,遑论同时精确测量位置和动量。我们将会发现,对于一些能够精确求解的体系,计算会表明位置和动量算符的不确定性常常是同步变化的[①]。

对易关系的第三种情形涉及角动量(包括轨道角动量和自旋)这样的多分量算符,其对易关系为 $[\hat{L},\hat{L}]=i\hbar\hat{L}$。或者写成分量的形式,$L_iL_j - L_jL_i = 2i\varepsilon_{ijk}L_k$,$[\hat{L}^2, L_i] = 0$。这样的对易关系是非常强的约束,它实际上规定了这些算符的本征态和本征值的选择,所带来的问题就不是不确定性原理那么简单了。记住这一点,将来真正学习量子力学时面对角动量表示问题会容易得多。

矩阵能满足上述三种不同代数的要求,因此量子力学中的算符可用合适的矩阵来表示,这从一个侧面解释了矩阵在量子力学中的地位。此外,矩阵作为群表示的有力工具,通过矩阵,群论确立了同量子力学的密切关系。矩阵在量子力学中的地位源自其满足量子力学运算的多方面特征,似乎未见量子力学文献明确地指出这一点。

---

① 刘家福,张昌芳,曹则贤.一维无限深势阱中粒子的位置——动量不确定关系:基于计算的讨论.《物理》38(7),491-494(2010).

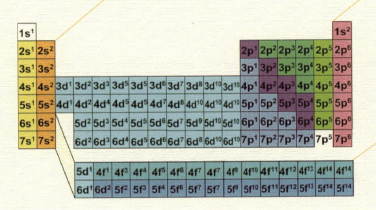

第 7 章

量子的眼睛看化学

7.1 量子数的组合

我们现在有了描述原子中电子状态的一组四个量子态 $(n,l,m;m_s)$，其中，m_s 是自旋量子数，有 1 和 -1 两种取值可能；m 是磁量子数，对于给定的 $l,m = -l, -l+1, \cdots, 0, \cdots, l-1, l$，共 $2l+1$ 种可能；n 是主量子数，对于给定的 $n,l = 0,1,\cdots,n-1$，共 n 种可能。这样，对于给定的 l，$(n,l,m;m_s)$ 共有 $2(2l+1)$ 种可能的组合；对于给定的 n，$(n,l,m;m_s)$ 共有 $\sum_{l=0}^{n-1} 2(2l+1) = 2n^2$ 种可能的组合。容易计算，对于 $l = 0,1,2,3, 2(2l+1) = 2,6,10,14$；对于 $n = 1,2,3,4$，有 $2n^2 = 2,8,18,32$，而 $32 = 18 + 14$。如果大家熟悉元素周期表的排列方式，可能隐隐感觉到这部分的内容和元素周期表有点关系。

7.2 构建原则

对应 $l = 0,1,2,3$ 的原子中电子的亚能级，人们参照光谱线的命名法将之依次命名为 s,p,d,f 能级（轨道），这四个字母分别是德语形容词 schäf（明锐的）、prinzipiell（主要的）、diffuse（弥散的）和 fundamental（基础的）的首字母[1]。不考虑精细结构和超精细结构，粗略的量子力学计算表明，原子中电子的能级由量子数 (n,l) 决定，对于同样的 (n,l)，量子数 (m,m_s) 不会带来能量的变动。这样粗略的能级结构，用来理解元素周期

---

[1] 英语形容词 sharp,principal,diffuse 和 fundamental 就是由德语词 schäf,prinzipiell, diffus 和 fundamental 而来的。有文献把 s,p,d,f 误以为是这四个英语词的首字母。至于 fundamental 代表的谱线怎么就是 fundamental 了，笔者未见过说明。

表就足够了。由量子数(n,l)所决定的电子能级(轨道),还可以用量子数n加上 s,p,d,f 来表示,比如量子数$(1,0)$表示的能级也可表示为 1s 能级,$(2,0)$相应地为 2s 能级,$(2,1)$相应地为 2p 能级,而$(3,2)$相应地为 3d 能级,等等。

量子力学计算表明,由量子数(n,l)所决定的原子中电子能级的能量按照从低到高的顺序为 1s,2s,2p,3s,3p,4s,3d,4p,5s,4d,5p,6s,4f,5d,6p,7s,5f,6d(图 7.1)。元素的原子序号为原子核中的质子数,它等于核外的电子数。某种元素原子中的电子,要按照上述能量从低到高的顺序逐次占据能级。这就是所谓原子、分子以及离子中电子构型的构建原则。所谓的电子构型,由能级符号和能级上占据电子的数目表示。比如,氢(H)原子中只有 1 个电子,它的电子构型为 $1s^1$;氦(He)原子中有 2 个电子,它的电子构型为 $1s^2$。对于 $n=1$ 的情形,$(n,l,m;m_s)$只有两种组合,这样在氦(He)原子中 $n=1$ 的电子态就全部被占据了。主量子数 n 对应的电子态全部占满的情形被称为是满壳层的。锂(Li)原子有 3 个电子,电子构型为$1s^2 2s^1$;氮(N)原子有 7 个电子,电子构型为 $1s^2 2s^2 2p^3$;而氖(Ne)原子有 10 个电子,故它的电子构型为 $1s^2 2s^2 2p^6$。至此,主量子数 $n=2$ 的能级也

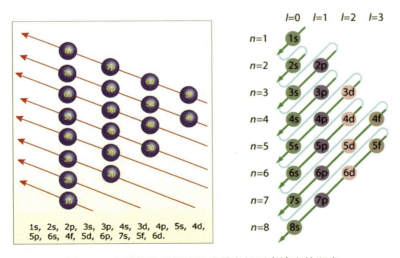

图 7.1　电子轨道能级按照能量自低到高填充的顺序

都占满了。给定任意一种元素，读者应能根据这个构建原则写出该元素原子的电子构型，比如铁（Fe）是 26 号元素，它的电子构型应为 $1s^2 2s^2 2p^6 3s^2 3p^6 4s^2 3d^6$。

7.3   元素周期表

元素周期表是现代社会人人都应该熟知的概念。人们在长期的化学实践中认识到了一些物质，如炭、硫、金、银、铜、铁等，是纯粹的单一存在，它们被称为元素（element）。一些元素的化学性质和物理性质是非常相似的，如氧和硫，金、银与铜，因此人们猜测元素之间存在某种内在的联系，元素性质的变化似乎具有某种周期性。1869 年俄国科学家门捷列夫（Дмитрий Иванович Менделеев）依据当时已有的元素（到 1863 年时有 56 种元素被确立）及其性质排出了第一张元素周期表。当然，这样的元素周期表还留有一些空白，空白处的元素，其性质可依据假想的元素性质具有周期性大致推知。后来一些新元素如锗、镓等陆续被发现，其性质离预期不远，这基本证实了元素确实存在周期性的结构。

根据原子中电子态的构建原则，可以理解元素周期表的很多特征，当然也能轻松地理解很多关于元素的化学性质（的规律）。注意，主量子数 $n=1$ 的能级最多容纳 2 个电子，这对应元素周期表的第一行；主量子数 $n=2$ 的能级最多容纳 8 个电子，这对应元素周期表的第二行；主量子数 $n=3$ 的能级最多容纳 18 个电子，但 3d 能级（最多容纳 10 个电子）要出现在 4s 能级之后，所以要押后考虑。这样第三行也只有 8 种元素。第四行有 18 种元素，其逐个添加的 18 个电子填充的是 4s－3d－4p 能级，共 18 种可能。第五行也有 18 种元素，其逐个添加的 18 个电子填充的是 5s－4d－5p 能级，共 18 种可能。第五行和第六行各有 32 种元素，但是为了美观和方便，第五行和第六行也只列出了 18 种元素，另将其他 14 种元素单独摘了出来,为元素周期表下部的两行,用其第一个元素的名称镧(La)和锕(Ac)分别命名为镧系元素和锕系元素。镧系元素应该放在元素钡(Ba)之后,填充的是 4f 能级,共 14 种可能;锕系元素应该放在元素镭(Ra)之后,填充的是 5f 能级,也是 14 种可能(图 7.2)。

按照图 7.1 中的电子构型能量的高低顺序,可以针对不同的电子数排列出能量最低的电子构型。根据原子的电子构型,容易理解很多元素周期表(图 7.2)的特征和元素的化学性质。同一主族(表中左 2 右 6 共 8 列)的元素,其最外层电子构型是相同的,因此具有相似的化学性质。最靠左的一列元素为碱金属,包括锂、钠(Na)、钾(K)、铷(Rb)、铯(Cs)和钫(Fr),最外层的电子构型都是 ns^1。这一个电子容易失去,所以碱金属元素都是化学活泼的,原子容易失去电子变成一价的正离子。最靠右的一列元素为惰性气体,包括氦、氖、氩(Ar)、氪(Ke)、氙(Xe)和氡(Rn),这一族元素的特征是最外层的电子构型是满(亚)壳层的,既不易失去电子,也没有地方容纳外来的电子,因而是惰性的(argon,这就是元素氩的名字),不参与化学反应[①],因此以单原子气体的形式存在。而最靠近惰性气体的为卤族元

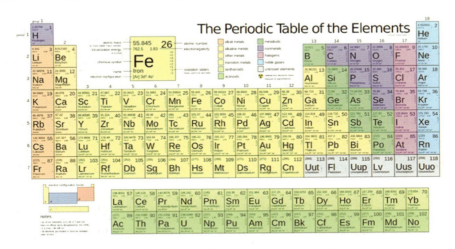

图 7.2 元素周期表。此周期表中原子的电子构型是按照主量子数顺序排列的

---

① 那要看遇到谁了。Xe 就能和 F 元素化合,生成 XeF_4。

素，包括氟（F）、氯（Cl）、溴（Br）、碘（I）和砹（At），其特征当然是和邻近的惰性元素差一个电子，因此它们容易夺取或和同类共享一个电子形成满（亚）壳层，所以它们是化学活性的，原子容易夺取一个电子变成一价的负离子。这样，就容易理解为什么钠和氯反应后的生成物分子式是 NaCl，而氯气自身的分子式是 Cl_2 了。

可以将原子的特征电子构型制成专门的元素周期表（图 7.3）。将图 7.3 同图 7.4 中的元素周期表比较着看，容易看出化学性质相近的元素区域实际上对应相似的电子构型。笼统地说，元素周期表可分成四个区，上部左边的两列为 s 区，上部右侧的 6 列为 p 区，上部中间的 10 列为 d 区，下部单列的两行为 f 区。熟记这样的元素周期表，配合初步的量子力学知识，人们能够更好地理解元素的化学性质、光谱性质、磁学性质，等等。化学反应本质上是电子转移的过程，原子的外壳层电子构型决定其化学性质。为了从电子的水平上理解各种物质的化学性质，自量子力学还专门发展出了量子化学这门学科。此外，还有分子量子力学和固体量子理论的说法，谈论的都是如何将量子力学的基本原理应用于具体的学科。

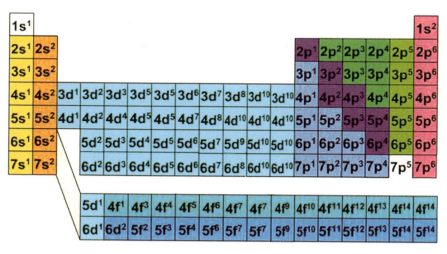

图 7.3　元素周期表对应的元素特征电子构型表

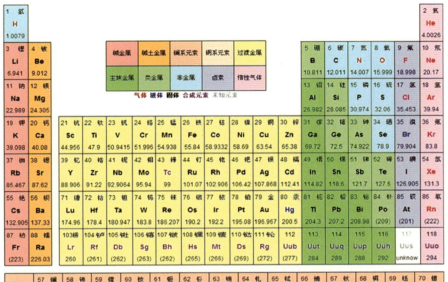

图 7.4 一种中文的元素周期表,其中化学性质相近的元素区域被染成不同颜色

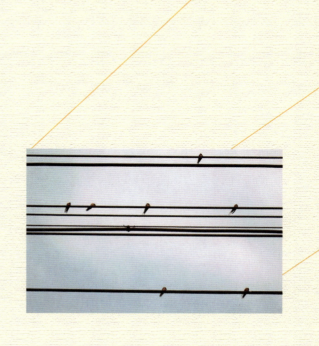

第8章

量子态

8.1 定态薛定谔方程与能量本征态

薛定谔的量子力学引入了波函数 ψ 的概念，并赋予其描述粒子状态的能力。给定了一个描述粒子所处状态的波函数 ψ，粒子的一些物理量就决定了。注意，薛定谔1926年的文章用其题目"量子化是本征值问题"告诉了我们他关于量子力学的理解。量子力学是本征值问题，这也正是薛定谔方程 $i\hbar\dot{\psi} = \hat{H}\psi$ 数学形式的意义。对于不显含时间 t 的哈密顿量 $\hat{H}$，波函数 ψ 可以分成随空间 x 和时间 t 变化的两部分，$\psi(x, t) = \psi(x)e^{-iEt/\hbar}$，则薛定谔方程变成定态方程 $\hat{H}\psi(x) = E\psi(x)$。

定态薛定谔方程 $\hat{H}\psi(x) = E\psi(x)$ 形式上是不显含时间 t 的哈密顿算符 $\hat{H}$ 的本征值问题，本征值 E 为粒子或者体系的能量。作为物理量的哈密顿算符 $\hat{H}$ 应该是个厄米特算符，即其本征值必须是实数。一个算符的本征态和对应的本征值，是由算符自身决定的，也就是说对于定态薛定谔方程 $\hat{H}\psi(x) = E\psi(x)$，所有的物理都存在于哈密顿算符 $\hat{H} = \hat{H}(x, i\hbar\partial/\partial x)$ 的具体形式中了。容易理解，研究一个系统的量子力学的第一步，是写出它的哈密顿算符。

对于给定的哈密顿算符 $\hat{H} = \hat{H}(x, i\hbar\partial/\partial x)$，其本征值问题 $\hat{H}\psi(x) = E\psi(x)$ 是一个二阶微分方程。如何解这样的二阶微分方程，数学物理方程这个学科会提供系统的、具体的方法。就定态薛定谔方程 $\hat{H}\psi(x) = E\psi(x)$ 来说，能量本征值 E 可能既有连续的部分，也有分立的部分。分立的能量值可以是有限数目的，也可能是无限多的。分立的能量值好比能量的台阶，所以有能级（energy level）的说法。对应同一个能量本征值，本征函数可能是唯一的，也可能有多个。对应同一个能量若有多个本征函数，则说它们是简并的（退化的）。从本征函数的角度理解，此时多个波函数对应的能量退化成一个了。

　　电子处于不同的本征态，可以理解为不同的能级上有电子占据。一定结构的能级上不同程度地被电子占据(图 8.1)，这为理解原子、分子和固体这些多电子体系的物理提供了直观的图像。其他的多粒子体系也同样有能级占据方式的问题。图 8.1 中的能级占据图像是利用统计力学研究量子多粒子体系之物理性质的出发点。

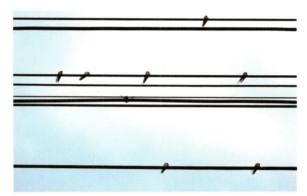

图 8.1　能级(电线)及其上占据的粒子(燕子①)

8.2　共同本征态

　　一对对易的算符 $\hat{A}$ 和 $\hat{B}$ 有共同的一组本征态。首先，假设 φ_n 是算符 $\hat{A}$ 和 $\hat{B}$ 的任意一个共同本征函数，$\hat{A}\varphi_n = a_n\varphi_n$，$\hat{B}\varphi_n = b_n\varphi_n$，则必有 $(\hat{A}\hat{B} - \hat{B}\hat{A})\varphi_n = 0$，这意味着 $\hat{A}\hat{B} - \hat{B}\hat{A} = 0$，算符 $\hat{A}$ 和 $\hat{B}$ 是对易的。反过来，若算符 $\hat{A}$ 和 $\hat{B}$ 是对易的，考察算符 $\hat{A}$ 的本征函数 φ_n 经 $\hat{B}$ 作用后的函数 $\hat{B}\varphi_n$，$\hat{A}(\hat{B}\varphi_n) = \hat{B}\hat{A}\varphi_n = a_n(\hat{B}\varphi_n)$，这表明函数 $\hat{B}\varphi_n$ 是算符 $\hat{A}$ 的对应本

---

① 　如同说这里的燕子难辨雌雄，能级上占据的电子的自旋也是要通过其他过程才被注意到的。

征值 a_n 的本征函数。如果算符 $\hat{A}$ 对应本征值 a_n 的本征函数是唯一的，则必有 $\hat{B}\varphi_n = c\varphi_n$，$c$ 是一常数，即函数 φ_n 也是 $\hat{B}$ 的本征函数。如果算符 $\hat{A}$ 对应本征值 a_n 的本征函数不唯一，将这几个本征函数线性组合后总可以使之是 $\hat{B}$ 的本征函数。

对易算符拥有共同的一组本征态这一事实对于量子力学的应用的意义是多方面的。对易的两个算符，若有一个其本征态是容易得到的，那么另一个复杂的算符的本征态就先有了一个形式上的表达。而这个形式上的表达就可能告诉我们很多信息。比如研究 H_2 分子，两个电子互换一下位置的操作为 $\hat{P}$，算符（操作）$\hat{P}$ 和哈密顿量对易且有性质 $\hat{P}\hat{P} = 1$，因为互换两次等于没有任何改变。算符 $\hat{P}$ 的本征值和本征态容易得到，就可以拿来研究哈密顿算符本征态的性质。这几乎成了对付复杂量子力学问题的一个策略。另外，若一个算符 $\hat{A}$ 的某些本征函数是简并的，即有些本征值对应多个本征函数，则可以引入和该本征函数对应的另一个算符 $\hat{B}$，把关于算符 $\hat{A}$ 简并的状态按照算符 $\hat{B}$ 的本征值加以标记。选择一组合适的、互相对易的算符，使得描述体系状态的所有基函数（本征函数）都有一组明确的、可区分的标签，这样的一组算符称为一组对易算符完备集[1]。比如关于氢原子，哈密顿量 $\hat{H}$ 的本征函数就是多重简并的，引入某个方向上的角动量算符 L_z 以及算符 $L^2 = L_x^2 + L_y^2 + L_z^2$，这三者是对易的，且赋予了每一个本征态一组特定的标签 (n, l, m)。注意，这三个量子数所标示的本征态，其对应的算符 $\hat{H}$，L^2 和 L_z 的本征值分别为 $E_n = -\dfrac{E_0}{n^2}$，$l(l+1)\hbar^2$ 和 $m\hbar$。

---

[1] 可作如下的类比。一个班里的同学有几个是重名的，这就是简并态。这当然很麻烦。可以引入性别、身高、肤色等特征加以区别。名字相同，可以先引入性别加以区分；同一性别的还有多个，再用身高区分。不断引入新标签，直到每个同学都有一套唯一的标签为止。

8.3 费米子与玻色子

在量子力学中有个关键的原理称为泡利不相容原理(Pauli exclusion principle),谓不可能有两个粒子占据同一个量子态,或者说一个量子态上只能容纳一个粒子。这可类比于自行车赛事里的自行车和运动员之间的关系:一辆自行车上只能容许一个选手(图8.2)。这个原理是在对电子行为的观察基础上提出的,它也适用于质子、中子等自旋为半整数的粒子,这些粒子有个统一的标签:费米子(Fermion)。一个体系中的粒子会优先占据能量较低的状态,但费米子体系由于有泡利不相容原理的约束,因此总是要占据到一定能量高度的状态。若此时体系中再增加一个费米子,它只能到最高占据态能量之上去寻找空的状态。因此,在化学中因为牵扯到电子的增减就会有化学势(增加一个粒子带来的体系能量的增加)的概念,这对理解化学热力学和电化学具有重要的意义。

与费米子相对应的是玻色子(Boson),即自旋为整数的粒子,包括光子、声子(固体中原子集体振荡的量子)等。玻色子可以多个粒子占据同一个状态,类似杂技团里的自行车和演员之间的关系(图8.2)。在系统的温度足够低的条件下,所有的玻色子可能都挤到能量最低的状态上,此时玻色子发生了玻色-爱因斯坦凝聚。玻色-爱因斯坦凝聚体里所有的粒子

图8.2 赛车和杂技中自行车与人的关系绝妙地分别对应费米子和玻色子体系中量子态与粒子数的关系

83

处于同一个量子态,是展现量子力学奇异现象的新舞台。

8.4　光的单缝衍射与双缝干涉

　　用一个手指头轻点水面,观察水面上的涟漪,会发现水面上波纹向四面散开了去[1]。水波是圆对称的,但是自中心处沿一个方向看到的水面的起伏却不是很好描述。若用两个手指头同时轻点水面,水面的振动要复杂得多。两列波相遇,相互间发生了干涉,出现了忽高忽低的波形。

　　波的干涉可以用光精确地研究。将一束光通过一个狭缝,在狭缝后面的屏上得到的光强分布如图 8.3 所示,中间有一个高亮度峰,两侧对称地有减弱的峰,此为单缝衍射花样。如果一束光通过相隔一定距离的两个狭缝(图 8.4),在狭缝后面的屏上得到的光强分布不是两个如图 8.3 所示的光强分布的代数和,而是如图 8.4 所示那样强度和宽度都从中间向两边渐变的条纹。显然,通过两狭缝的光相互间发生了干涉。此现象在经典光学里可用波的叠加,即 $A = a_1 \sin(\omega_1 t - k_1 x + \theta_1) + a_2 \sin(\omega_2 t - k_2 x + \theta_2)$,而测量的强度是波之模平方,即 $I \propto |A|^2$,加以解释[2]。

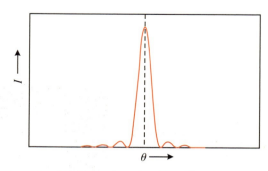

图 8.3　光束通过一个狭缝在屏上留下的光强分布

---

[1]　手指头轻点水面就能产生水波,是因为水有一层致密的皮的缘故。室温下水的表面张力高达72 mN/m。很好奇,如果没有水波的形象,人类的物理学会是什么样的。

[2]　"解释"的意思是,某些特征有了个还算说得过去的说法。科学能做到这一点已经很不容易了。

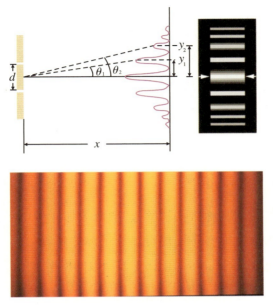

图 8.4 （上图）双缝干涉的图解；（下图）用钠黄光做的双缝干涉实验的结果

8.5 量子态叠加

实矢量空间中两矢量的线性组合，$V = aV_1 + bV_2$，其中 a，b 是实数，还是该空间中的一个矢量。矢量线性组合的法则是，将矢量 V_1，V_2 分别缩放 a 和 b 倍，把矢量 bV_2 的起点移到矢量 aV_1 的终点，从矢量 aV_1 的起点到矢量 bV_2 的终点的矢量就是线性组合 $V = aV_1 + bV_2$（图 8.5）。

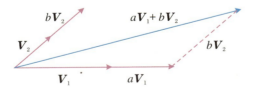

图 8.5 实矢量空间中的线性组合规则

量子力学是本征值问题，薛定谔方程具有线性结构。若复函数 ψ_1 和

ψ_2 是薛定谔方程的解，则线性组合

$$\psi = \alpha\psi_1 + \beta\psi_2, \quad \alpha, \beta \text{ 是复数} \tag{8.1}$$

也必定是薛定谔方程的解。此为量子力学的叠加原理。这就是量子力学的解为求力学量算符的本征态（矢量）的原因。本征态构成了一个希尔伯特空间的完备正交基 $\varphi_1, \varphi_2, \cdots, \varphi_n$（也可能有无穷多个），类似欧几里得空间各方向上的单位矢量，这些基（本征态）的任意线性组合

$$\psi = \sum_i \alpha_i\varphi_i, \quad \alpha_i \text{ 是复数} \tag{8.2}$$

也是系统的可能状态。

利用电子束，人们也得到了"类似"图 8.4 那样的电子双缝干涉实验。量子力学的叠加原理很容易再现对双缝干涉的解释。屏上粒子的强度正比于粒子在该处出现的几率，即正比于波函数的模平方 $|\psi|^2$。若屏上某点的波函数是由两个狭缝所规定的波函数 ψ_1 和 ψ_2 的等权重叠加 $\psi = \dfrac{\sqrt{2}}{2}(\psi_1 + \psi_2)$ 而来的，则

$$|\psi|^2 = \frac{1}{2}(|\psi_1|^2 + |\psi_2|^2 + \psi_1^*\psi_2 + \psi_1\psi_2^*) \tag{8.3}$$

式中的两项交叉项 $\psi_1^*\psi_2 + \psi_1\psi_2^*$ 可以解释干涉条纹的花样。

8.6　量子测量假说

算符 $\hat{A}$ 有对应本征值 a_n 的本征态 φ_n，其意思是说 $\hat{A}\varphi_n = a_n\varphi_n$。这句话被量子物理学诠释为，若对处于一个本征态 φ_n 的粒子测量力学量 A，所得的结果是确定的、唯一的，对应本征值 a_n，且测量完成后粒子的状态还是本征态 φ_n。可是，如果粒子处于叠加态 $\psi = \sum_i \alpha_i\varphi_i$，测量结果是怎样的呢？1928 年，冯·诺依曼给出了他的测量假说，对 $\psi = \sum_i \alpha_i\varphi_i$ 这样的叠加态，测量力学量 A 得到的结果随机地表现为某个本征值 a_i，且测量完

成后粒子的状态坍缩到本征态 φ_i。对大量的 $\psi = \sum_i \alpha_i \varphi_i$ 这样的叠加态进行测量,得到各个本征值 a_i 的几率正比于 $\alpha_i^* \alpha_i$。冯·诺依曼的测量假说是一个备受争议的假说。毕竟,很少有物理量是直接能测量的[①],而且真正的测量过程常常是很复杂的。最要命的是,粒子和探测器之间如何相互作用,那是给出测量结果的关键一步,其本身就是量子力学试图理解的内容。

不过,冯·诺依曼的测量假说和如下的定义是吻合的:对于任意的状态 ψ,

$$\langle \hat{A} \rangle = \int \psi^* \hat{A} \psi \, dV \tag{8.4}$$

是算符 $\hat{A}$ 在状态 ψ 下的平均值。对于 $\psi = \sum_i \alpha_i \varphi_i$ 这样的算符 $\hat{A}$ 的本征态的叠加态,显然有

$$\int \psi^* \hat{A} \psi \, dV = \sum_i \alpha_i^* \alpha_i a_i = \sum_i \rho_i a_i \tag{8.5}$$

其中 ρ_i 是本征值 a_i 在测量结果中出现的几率,而这正是统计中关于平均值的定义。

8.7 薛定谔的猫

微观世界里的粒子状态,还有过程,用量子力学的波函数描述,而波函数又满足式(8.1)的叠加原理,这就难免给我们带来一些认识上的冲击。放射性的衰变过程是个随机过程,也许就是量子力学描述的那种过程。放射性原子核是不是衰变了,要通过观察才能知道。1935 年,薛定谔在一篇

---

① 在经典意义上也不是什么物理量都是可以直接测量的。比如温度就不是可测量的量。所有的温度计测量的都是别的物理量,且要凭借某个也许根本靠不住的理论换算成温度值。

名为"量子力学的现状"①的文章中提出了一个假想的实验,可以把待衰变的放射性物质同一只猫一起关在一个箱子里。放射性物质随机衰变放出的粒子会(确切地)触发一个机械装置(确切地)打碎一个装有毒药的瓶子最终(确切地)毒死可怜的猫咪。这样,猫是死是活就显示了微观世界里放射性物质是未衰变还是衰变了的两种量子状态(不知道具体怎么描述)。薛定谔说,这样的一个体系的波函数也许要表明,在此状态中活猫(态)和死猫(态)是等份额地混合的(Die ψ-Funktion des ganzen Systems würde das so zum Ausdruck bringen, dass in ihr die lebende und die tote Katze zu gleichen Teilen gemischt oder verschmiert sind),见图 8.6。注意,薛定谔在这里用的可是动词虚拟式 würde 哦。薛定谔的本意是要表明,(通过这个从机械经化学到猫咪的装置)原本在原子领域的不确定性就转换成了一个粗糙意义上的不确定性,从而可以通过直接观察加以确定(dass eine ursprünglich auf den Atombereich beschränkte Unbestimmtheit sich in grobsinnliche Unbestimmtheit umsetzt, die sich dann durch direkte Beobachtung entscheide lässt)。

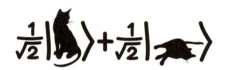

图 8.6 等份额混合的死猫和活猫量子态

活猫/死猫叠加的量子态与我们的常识相抵触,很诡异,它只出现在薛定谔用虚拟式表述的一个描述里,可它偏让许多人有了信马由缰地讨论量子力学的话题。至于薛定谔的原文和薛定谔的原意,倒是很少有人愿意关注。脱离了理论的整体框架和理论拓展赖以进行的严谨数学,抱着猎奇的目的且还放任自家思想的野马任意驰骋,这不是学习量子力学的正确态度。不管是我们自家的猫还是薛定谔的猫,都是经典的猫,to be or not to be,它只能居其一。说到底,物理学一定是我们用数学语言描述的那个样

---

① Erwin Schrödinger, Die gegenwärtige Situation in der Quantenmechanik, Naturwissenschaften 23(48),807 – 812(1935).

子。任何日常语言的穿凿附会只会把事情弄得更糟！

8.8 警惕线性思维

量子力学的架构是线性的,初等量子力学的数学基础是线性的希尔伯特空间以及线性代数。就整个物理学来说,因果关系或者刺激－响应理论一般也都是采用线性代数处理的。但是,我们必须时刻谨记线性思维是有局限的,只是在一定的小范围内线性近似才是可接受的。对于函数 $y = f(x)$,可以作线性近似 $y \sim a + bx$;且可能实际上 $a + bx_1$ 和 $a + bx_2$ 分别是对 y_1, y_2 的好的近似。但是对于 $x = x_1 + x_2$,这个线性近似就未必是合适的。任意的线性叠加在物理学中更是不成立的。

生活中有"压死骆驼的最后一根稻草"的说法。设想给一只骆驼加负载,负载 x 造成的压力为 P_x,负载 y 造成的压力为 P_y,负载 z 造成的压力为 P_z。这几个负载同时加载时所造成的总压力为 $P = P_x + P_y + P_z$ 吗? 不幸的是,别说是对骆驼,对于一般的金属材料来说都不是这样的。当负载大到一定程度时,任何额外的一点负载都可能造成很大的、不可逆的损伤,直到材料最终垮掉。稻草很轻,但是压在已经不堪重负的骆驼身上,就能把它压死。希望读者朋友们能注意到生活中的这种非线性叠加现象,对自己或者他人遭遇的任何额外压力不因其单独看来是件小事就忽略它的危害。

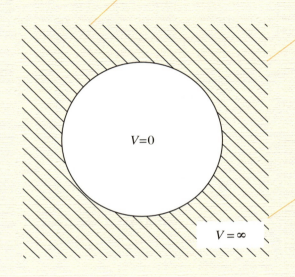

第 9 章

定态薛定谔方程的解

若哈密顿算符 $\hat{H}$ 不显含时间 t，即它只是坐标和动量的函数，则薛定谔方程 $\mathrm{i}\hbar\dot{\psi} = \hat{H}\psi$ 可转化为定态方程

$$\left(-\frac{\hbar^2}{2m}\nabla^2 + V\right)\psi = E\psi \tag{9.1}$$

其中 E 是哈密顿量的本征值，为体系的能量；算符 $\nabla^2 = \sum_i \partial^2/\partial x_i^2$，具体形式取决于所处理问题的空间维度。定态方程中波函数 ψ 不含时间，时间因素另由相应的相因子 $\mathrm{e}^{-\mathrm{i}Et/\hbar}$ 描述。

针对一些特殊情形的定态薛定谔方程有精确解。读者可通过研究解这些特殊问题的过程找找使用量子力学的感觉。哈密顿量是经典力学早已阐明了的概念——真想学会量子力学者应该熟悉经典力学，特别是哈密顿力学部分的内容。

9.1　一维无限深势阱

考察粒子被限制在一维无限深势阱中的情形（图 9.1）。在 $x \in (0, L)$ 区间内，$V = 0$；在其他地方，$V = \infty$。因此，波函数只在 $x \in (0, L)$ 区间内可以不为 0。在势阱内，定态薛定谔方程形式为

$$-\frac{\hbar^2}{2m}\frac{\mathrm{d}^2\psi}{\mathrm{d}x^2} = E\psi \tag{9.2}$$

此方程解的一般形式为 $\psi(x) = A\sin(kx + \varphi)$，其中 $k = \sqrt{2mE/\hbar^2}$。考虑到边界上必须有 $\psi(0) = 0$ 和 $\psi(L) = 0$，可得 $\varphi = 0$，$k = n\pi/L$；$n = 1, 2, 3, \cdots$。可见，"在边界上为零"此一要求给波函数施加了很强的限制；粒子的波函数，相应的能量、动量等物理量，表现出了量子化的行为。这正是薛定谔波动力学的一贯思想。

由 $k = n\pi/L$ 和 $k = \sqrt{2mE/\hbar^2}$ 得量子化的能量

$$E_n = \frac{n^2 h^2}{8mL^2} \tag{9.3}$$

其对应的波函数(图9.1)为

$$\psi_n(x) = \sqrt{2/L}\sin\left(\frac{n\pi}{L}x\right) \tag{9.4}$$

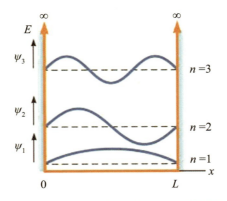

图 9.1　一维无限深势阱及其中粒子之能量最低三个
状态的波函数

由波函数(9.4)可计算出粒子位置和动量的涨落。容易计算出

$$\Delta x = \sqrt{\frac{1}{12} - \frac{1}{2\pi^2 n^2}}\,L\,;\quad \Delta p = n\pi h/L \tag{9.5}$$

由此可得

$$\Delta x \Delta p = \sqrt{\frac{n^2\pi^2}{3} - 2}\,\boldsymbol{\cdot}\,\frac{h}{2} \tag{9.6}$$

由式(9.5)可以看出,针对不同的状态,当 Δx 增加时,Δp 也同时增加。不存在 Δx 和 Δp 一个越大另一个就越小的情形,即至少针对本问题不存在所谓的粒子位置测量越精确则同时动量测量越不精确的海森伯不确定性原理[①]。今天的粒子物理实验和扫描隧道谱学都在演绎着粒子位置和动量都测量得越来越准的现实。至于同时测量的问题,"同时测量任何两个物理量"都是一句不容易落实的话! 它牵扯到时间在量子力学中的角色问题,进一步地它还会让人们不得不思考"什么是时间"这个更加难以回答的问题。

---

① 把这个 uncertainty principle 理解为测不准原理更是莫名其妙,这个误解始于海森伯本人 1927 年的论文。参见曹则贤《物理学咬文嚼字之四十四: Uncertainty of the uncertainty principle》,收录于《物理学咬文嚼字·卷二》。

9.2　一维谐振子

弹簧上挂一个质量为 m 的振子，在弹性范围内弹簧上的张力和位移之间遵从胡克定律，即势能 $V(x) = \frac{1}{2}kx^2 = \frac{1}{2}m\omega^2 x^2$，其中 $\omega = \sqrt{k/m}$ 是弹簧振动的角频率。此问题为一维谐振子问题，其定态薛定谔方程为

$$-\frac{\hbar^2}{2m}\frac{\mathrm{d}^2\psi}{\mathrm{d}x^2} + \frac{1}{2}m\omega^2 x^2\psi = E\psi \qquad (9.7)$$

引入变换 $\xi = \sqrt{\hbar/m\omega}\, x$，$\lambda = E\big/\frac{1}{2}\hbar\omega$，方程(9.7)变成

$$\frac{\mathrm{d}^2\psi}{\mathrm{d}\xi^2} + (\lambda - \xi^2)\psi = 0 \qquad (9.8)$$

这个方程在 $\lambda = 2n+1$，$n = 0,1,2,\cdots$ 时有规则的解，也就是说它允许的量子化能量形式为

$$E_n = \left(n + \frac{1}{2}\right)\hbar\omega; \quad n = 0,1,2,\cdots \qquad (9.9)$$

相应的波函数为 $\psi_n \sim \mathrm{e}^{-\xi^2/2}H_n(\xi)$，其中的 $H_n(\xi)$ 为厄米特函数（图9.2），太复杂，此处不作深入介绍。

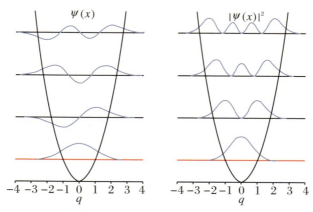

图9.2　谐振子问题四个低能量本征态的波函数及其模平方

上面没给出解方程(9.8)的过程是因为它太难了，需要系统的关于解二阶微分方程的知识。但其实有更聪明的也更简单的做法。不考虑那些系数 m, $\hbar$, ω, 则方程(9.7)变成

$$\frac{1}{2}\left(-\frac{\mathrm{d}^2 \psi}{\mathrm{d} x^2} + x^2 \psi\right) = E \psi \tag{9.10}$$

引入 $\hat{a} = \frac{1}{\sqrt{2}}\left(\frac{\mathrm{d}}{\mathrm{d} x} + x\right)$ 和 $\hat{a}^+ = \frac{1}{\sqrt{2}}\left(-\frac{\mathrm{d}}{\mathrm{d} x} + x\right)$, 由 $\left[x, -\frac{\partial}{\partial x}\right] = 1$, 可得 $[\hat{a}, \hat{a}] = [\hat{a}^+, \hat{a}^+] = 0$, $[\hat{a}, \hat{a}^+] = 1$。方程(9.10)相应地变成

$$(\hat{a}^+ \hat{a} + 1/2)\psi = E\psi \tag{9.11}$$

可以证明，若 ψ 是能量为 E 的状态，则波函数 $\psi' = \hat{a}\psi$ 是对应能量 $E' = E - 1$ 的状态，但是谐振子体系的能量大于等于零，因此必存在能量最小的真空态 ψ_0, $\hat{a}\psi_0 = 0$。反推过来，可得一维谐振子系统所允许的能量为 $E_n = (n + 1/2)$, 即式(9.9)。

针对谐振子问题的波函数 $\psi_n \sim \mathrm{e}^{-\xi^2/2} H_n(\xi)$, 容易计算出粒子位置和动量的涨落为

$$\Delta x = \sqrt{(n + 1/2)\hbar/m\omega}; \quad \Delta p = \sqrt{(n + 1/2)\hbar m\omega} \tag{9.12}$$

由此可得

$$\Delta x \Delta p = (n + 1/2)\hbar \tag{9.13}$$

由式(9.12)可以看出，此处针对不同的状态，当 Δx 增加时，Δp 也同时增加，即关于谐振子问题也不存在所谓的粒子位置测量越精确则同时动量测量越不精确的海森伯不确定性原理。文献中充斥着"不能同时精确测量粒子的位置和动量"或者"关于粒子的位置和动量，一者测量越精确则另一者测量越不精确"的所谓测不准原理，给许多初学量子力学者带来不必要的困惑。不作深入的思考和严格的计算，信口开河是市面上的量子力学和相对论文本充满谬误的根源！更有甚者，许多大物理学家也会拿这个所谓的测不准原理作为讨论问题的出发点。

关于谐振子有一点值得注意。对于经典的谐振子，其最低能量可以为零，而量子理论下的谐振子，其最低能量为 $E_0 = \frac{1}{2}\hbar\omega$。这个不为零的最小能量值被称为谐振子的零点能。注意，零点能问题不是在给出了谐振子

量子力学问题精确解后才认识到的，它最早出现在普朗克 1912 年讨论黑体辐射的论文[1]中。普朗克把黑体辐射问题中假想的谐振子的平均能量表示为 $\varepsilon = h\nu/2 + h\nu/(e^{h\nu/kT} - 1)$，此处的第一项就是零点能。谐振子存在零点能是另一个被过分解释和滥用的量子力学现象。

　　谐振子是量子力学，包括后续发展的量子场论、量子电动力学等学问中最重要的内容。有人甚至宣称弄懂了谐振子，就能解决 75% 的量子力学问题。这也不奇怪，一方面，对于势能具有最小值的相互作用体系，在势能最小值附近总可以将问题简化为谐振子问题。因此，很多的问题都能基于谐振子模型加以讨论。另一方面，从数学角度来看，谐振子问题的哈密顿量 $\hat{H} = p^2 + x^2$ 是最标准的二次型，它在各种问题中会表现出的数学花样基本都有精确解。欲深入研习量子力学者，敬请特别留意相关的数学。

9.3　一维周期势场

　　现在考虑电子置身于一个无穷延展的但是具有周期性的势场中的情形。设有一维的原子链，原子的外层电子就处于由原子实的排列所确定的一维周期性势场中，$V(x) = V(x + na)$，n 取任意的整数值（图 9.3）。对于这种情形，定态薛定谔方程会告诉我们哪些信息呢？

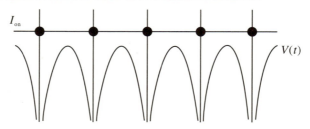

图 9.3　等间距的原子实为电子提供了一个一维周期势场

① Max Planck，Über die Begründung des Gesetzes der schwarzen Strahlung，Annalen der Physik 37，642（1912）.

考虑到势能具有周期性,而动能本来就对任意的坐标变换 $x \mapsto x + x_0$ 不变,因此哈密顿量 $\hat{H} = -\dfrac{\hbar^2}{2m}\dfrac{\mathrm{d}^2}{\mathrm{d}x^2} + V(x)$ 也就有和势能 $V(x)$ 同样的周期性,粒子的分布(波函数的模平方)也该遵从同样的周期性分布。可以想见,波函数本身应该是一个周期性函数乘上一个相因子 $\mathrm{e}^{\mathrm{i}kx}$,即要求 $\psi(x) = \mathrm{e}^{\mathrm{i}kx}U_k(x)$,$U_k(x) = U_k(x + na)$。这就是所谓的布洛赫定理,其也可以由平移对称性的性质得到。这样,只需要在 $[0, a]$ 内求解函数 $U_k(x)$ 就行了。从接下来的解会发现,本征能量不是像谐振子那样是一个一个分立的数值,而是一段一段分立的数值(有限晶体包含的原子数在 10^{24} 量级,分立的本征能量已经足够密集,可作连续处理),每一段都是一个关于 k 的函数,$E_n = E_n(k)$,$-\dfrac{\pi}{a} \leqslant k \leqslant \dfrac{\pi}{a}$。这样的能量分布被称为能带结构(图 9.4)。能带之间的能量没有对应的状态,那里是体系的能量禁区。能带的概念,标志着量子力学具备了处理大块物质性质的能力。

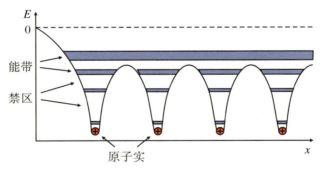

图 9.4　周期势场下粒子的能量本征值成了一段一段分立的带状结构

此处解周期性势场中的薛定谔方程留给我们一个重要的启示。对于方程,在获得其具体的解之前是可能有办法获得足够多的关于解的性质的。不解方程但是通过研究方程的结构而获得足够多的关于解的性质,这个本领对于学习数学物理者至关重要。

9.4 二维无限深圆势阱

考察粒子被限制在二维无限深圆势阱中的情形（图9.5）。在$r<R$的圆形区间内，$V=0$；在其他地方，$V=\infty$。因此，波函数只在圆形区间内可以不为零。在势阱内，定态薛定谔方程形式为

$$-\frac{\hbar^2}{2m}\left(\frac{\partial^2}{\partial x^2}+\frac{\partial^2}{\partial y^2}\right)\psi=E\psi \tag{9.14}$$

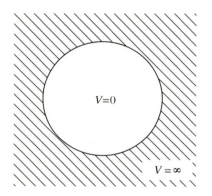

$V=0$

$V=\infty$

图9.5 二维无限深圆势阱

换成极坐标形式，方程变成

$$-\frac{\hbar^2}{2m}\left(\frac{\partial^2}{\partial r^2}+\frac{1}{r}\frac{\partial^2}{\partial r}+\frac{1}{r^2}\frac{\partial^2}{\partial \theta^2}\right)\psi(r,\theta)=E\psi(r,\theta) \tag{9.15}$$

此方程有变量分离的解$\psi(r,\theta)=\chi(r)\Theta(\theta)$，其中容易得到$\Theta(\theta)=\frac{1}{\sqrt{2\pi}}e^{im\theta}$。

由周期性条件$\Theta(\theta)=\Theta(\theta+2\pi)$可知参数$m$可能的取值为任意整数。对任意的$m$，径向函数$\chi(r)$满足方程

$$\left(\frac{\partial^2}{\partial r^2}+\frac{1}{r}\frac{\partial^2}{\partial r}-\frac{m^2}{r^2}\right)\chi(r)=-k^2\chi(r) \tag{9.16}$$

其中$k^2=2mE/\hbar^2$。方程（9.16）是典型的贝塞尔函数，其规则解为$J_m(kr)$（$r\rightarrow 0$时，$J_m(kr)$不发散）。由边界条件$J_m(kR)=0$，可得$k_{m,n}=$

$z_{m,n}/R$，其中 $z_{m,n}$ 是贝塞尔函数 $\mathrm{J}_m(z)$ 的第 n 个零点（图 5.4）。相应地，能量本征值为

$$E_{m,n} = \frac{\hbar^2 z_{m,n}^2}{2mR^2} \tag{9.17}$$

此能量谱是分立的，但不是等间距的。

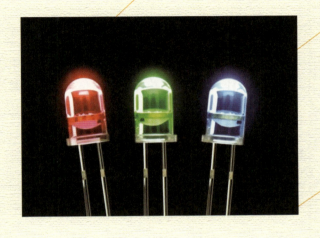

第 10 章

固体能带论与量子限域效应

从量子力学被创造的那一刻起，世界就注定要被彻底地改变了。量子力学给世界带来的变化，是量子力学的创造者们无法想象的。

10.1 能带理论与固体导电行为

早在法拉第时代，人们已经能分辨出导体和绝缘体。但是，一个物体到底为什么是导体而不是绝缘体，它是导体或者是绝缘体又意味着什么，人们并不清楚。这个谜的揭示要等到量子力学在无意中提供的电子能量分布图像。

前面我们已经提到，对于一维原子链，其中电子的能量本征值呈一段一段的带状分布。暂不考虑缺陷，可把一块晶体设想成由位置固定且严格有序的正离子实和在其中自由运动的电子组成的。一个或者几个（不同的）原子实占据一个凸多面体的空间，这样的凸多面体的空间被称为该种晶体的单胞（图 10.1）。将单胞沿三个独立的方向排列以至充满整个空间，就再现了晶体的空间结构。原子实在三个独立的方向具有周期性，即若在某个位置 R_0 上有个原子实，则在 $R = R_0 + n_1 a_1 + n_2 a_2 + n_3 a_3$ 处，其中 a_1, a_2, a_3 是三个基矢量，n_1, n_2, n_3 取所有的整数值，也必然有个原

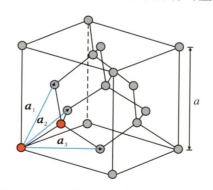

图 10.1　金刚石结构中原子实的排列方式
　　　　和基矢量的选取

子实。原子实为价电子①提供了三维的周期势场 $V(r)$，满足条件

$$V(r) = V(r + n_1 a_1 + n_2 a_2 + n_3 a_3) \tag{10.1}$$

在三维周期势场下，定态薛定谔方程解的能量本征值也是呈现带状结构。注意，能量 $E(k)$ 是波矢 k（波矢表征波对应的动量）的函数，在不同方向上是不同的（图 10.2）。

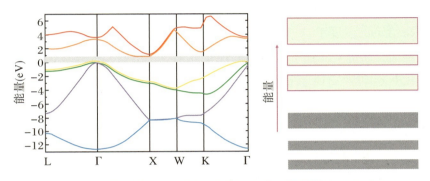

图 10.2　（左图）典型的 $E(k)$ 分布，水平轴字母表示不同的波矢方向；（右图）只看能量的能带图

固体中的价电子也是按照能量从小到大的顺序占据能带中的能级的。有趣的是，能带实际上是原子能级通过相互作用展宽而来的，每个能带中正好能容纳每原子两个电子（考虑自旋的因素）。这样，一般情况下，电子应该正好占满到某个能级为止，而其上的能带则整个是空的（图 10.2）。我们把最上面被占满的能带叫作价带，而最下面那个空的能带叫作导带。价带顶部到导带底部之间的间隙为能隙。对于一个占满的能带，所有电子在电场驱动下其动量变化的总和为零，也即没有导电的能力。这让我们初步理解了绝缘体是怎么回事。绝缘体的能带要么被占满，要么为空。满带和空带之间有能隙。

对于一类固体，如铜、锂等所谓的金属，其价电子占据的最高能带可能是两个能带的交叠，即那实际上是两个能带（图 10.3），这个能带所含的电

---

① 原子是通过共享电子才构成分子和大块物质的。原子当然不会把所有的电子都拿出来共享，共享的只是少数能量较高的电子。这部分电子就叫价电子。比如 NaCl 中每个 Na 原子都是拿出一个电子共享的。

子态自然只有一半是满的。占据状态和空态之间没有能隙,因此在电场下电子有净的动量变化,即形成了电流。所谓的导体,就具有这种半满的(交叠的)能带①。对于导体,温度的升高对电子在导带顶部的分布影响不大,但是原子实的振动会随之加剧,从而给导电电子带来更大的阻尼,因此导体的电阻率会随温度升高而变大。

所谓在绝缘体中电子正好占满一个能带,那是没考虑电子热运动的情形。在给定的温度下,一部分电子会被激发到空的导带中去,让固体具有导电能力。但是,如果一个材料的能隙足够大,比如3.0 eV以上,则在室温下由热运动激发到导带中的电子数目微乎其微,其导电能力没有明显的电学效应。这样的材料就是好的绝缘体。如果材料的能隙不是很大,比如硅的能隙为1.12 eV,锗的能隙为0.67 eV,则室温下也有一定量的电子被激发到导带中去,让材料具有相当的导电能力。这样的材料被称为半导体。随着温度的增加,虽然原子实振动会加剧,但占据导带能级的电子数也会急剧增多,结果使得半导体的电阻率随着温度的升高而下降。能隙在零附近的材料有可能会在较大的温区内表现出恒定的电阻率②。

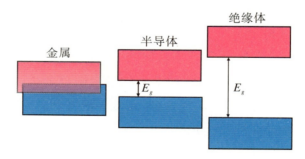

图 10.3 导体、半导体和绝缘体能带的区别

我们看到,半导体和绝缘体之间是程度上的差别而非本质上的差别(图 10.3)。量子力学让我们理解了什么是导体,什么是绝缘体③。一个广

---

① 能带理论只提供了一个关于导体和绝缘体的粗略物理图像。

② Ailing Ji, Chaorong Li and Zexian Cao, Ternary Cu_3NPd_x Exhibiting Invariant electrical resisitivity over 200 K, APL 89,252120(2006).

③ 按说能隙大的材料更应该是绝缘体,能隙小的是半导体,但有时候能隙很大的材料偏被称为半导体而能隙不是很大的反而被说成是绝缘体,视具体的材料和用途而定。

阔的新世界的大门打开了。

　　半导体的导电能力绝不只来源于热激发。晶体本身结构上的缺陷，掺入杂质（比如在硅中故意掺入硼或磷），都会影响带隙附近的能级结构，从而极大地影响材料的导电能力。通过掺杂，可以实现价带中电子态多于电子数因此会出现空位的局面，也可以实现价带中电子态少于电子数因此部分电子必须去占据导带的局面。前者对应 p 型半导体，后者对应 n 型半导体。有了两种半导体类型且导电能力可以在多个数量级的范围内调节，这赋予了电子学广阔的发展空间。把两种不同的半导体结合到一起，边界区域就是 p-n 结（二极管）；进一步地还可以做成 p-n-p 和 n-p-n 型的三极管。我们现在的所谓数字时代和信息时代都是基于半导体才实现的。

　　基于半导体我们还制作了太阳能电池和发光二极管。发光二极管可以说是冷光源，它把绝大部分电能都转化成了光。还记得量子力学发展的一个动因是要解决白炽灯泡的发热问题吗？在利用量子力学理解了固体导电性从而提出了半导体概念的基础上，在白炽灯泡发明约 120 年后，人类终于有了高强度的冷光源（图 10.4）。在这个可以在明亮的发光二极管下通过互联网悠闲地浏览全世界信息的时代，为了缅怀那些为实现这一切而付出的科学家们，学会量子力学不失为一种得体的方式。科学，还真不是急功近利者的事业。

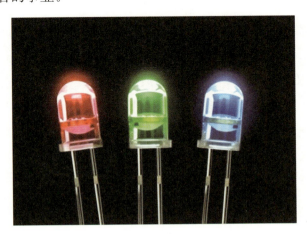

图 10.4　发光二极管，高效的冷光源

实际的固体都是有限大小的,因此必然存在表面。相对于原子排列具有平移对称性的完美晶体,表面就是一种缺陷。有限尺寸的绝缘体,其表面有可能导致一些处于带隙中间的能态,从而使得该绝缘体的表面部分具有一定的导电性。一般来说,改变表面原子的排布方式或者化学环境,表面态的能级可能会移动。如果表面态不在带隙中间,则表面导电性也就消失了。但是存在一类被称为拓扑绝缘体的特殊材料,比如单质铋(Bi)、锑(Sb)和化合物 Bi_2Se_3、Bi_2Te_3 等,其内里是绝缘体而表面是导体,且表面态受粒子数守恒和时间反演对称性的保护,不容易被破坏。处于拓扑[①]绝缘体表面态上的电子其自旋要保持同动量垂直,即电子的自旋和运动方向之间是锁定的。对于处在某表面态能级上的电子来说,同一能量的空态之自旋必相反,这使得电子在前进的道路上被散射时不会出现折返的极端情形。拓扑绝缘体可以用来揭示很多量子现象。

10.2　量子限域效应与纳米技术

有个笑话:一个人对另一个人说"我猜你家的住房不是很宽敞"。对方惊讶地问他是怎么知道的,这人回答说"我发现你家的狗是上下摇尾巴的"。这个笑话揭示了一个重要的科学原理,当物体被局限到一个足够小的空间里时可能会表现出特异的性质或行为来。这种现象被称为限域(confinement)效应。人也会表现出这种限域效应。两个不是很亲近的人进入狭窄的电梯间,当电梯门关上的那一刻,都会下意识地退让以增加距离。

量子力学告诉我们,物质的化学性质和大部分物理性质是由价电子的性质决定的。当一块材料的尺寸小于价电子的德布罗意波长(参见公式

---

① 拓扑是指尽管变形也不改变的几何性质。一只足球瘪了,但它和完美的球具有同样的拓扑性质。

5.1)时,电子就遭遇量子限域效应,材料的性质就会不同于其大块材料。材料要表现出量子限域效应,其尺度一般应小到纳米量级。量子限域效应是纳米技术的科学基础。表现出量子限域效应的材料,其性质敏感地依赖于尺寸,因此纳米材料提供了可裁剪的材料性质。此外,某些性质的获得,比如发出各种波长的荧光(图 10.5),可以不再依赖于材料的化学成分。

图 10.5　将同一种材料制成不同大小的纳米颗粒可获得各种波长的荧光

第 11 章

量子隧穿现象

11.1　崂山道士与火车

在经典世界里,现象和出现该现象的条件都是刚性的,没有含糊的余地。比如,标准篮筐的高度是 3.05 m。你要想投中得分,篮球到达的高度就要超过 3.05 m。你若想把一颗石子抛过 20 m 高的围墙,石子的初始速度就要达到 20 m/s 以上(假设重力加速度 $g = 10$ m/s^2)。只要初始速度不是足够大,即动能不足以克服所遭遇的势能增量,这颗石子就不会被抛过墙去,你重复再多次也是白费气力。或者说,对于一头跳起的初始速度只有 20 m/s 的狮子,一堵 20 m 高的围墙就足以把它圈起来。被 20 m 的高墙围困而起跳速度又不足 20 m/s 的狮子,一定曾怀有穿墙而出的梦想。

《聊斋志异》中有一个崂山道士的故事。王七跟崂山道士学法术,不肯用功吃苦,老道士就撵他走人。临行时,王七羡慕"……师行处,墙壁所不能隔",恳请老道士教他穿墙术。王七学会了口诀以后,口念咒语,"……去墙数步,奔而入;及墙,虚若无物;回视,果在墙外矣"(图 11.1)。穿墙而过,了无阻碍,这感觉爽歪了。崂山道士的本领,羡煞了多少人。

图 11.1　王七跟崂山道士学穿墙

火车在山区行进时,也会遇到如何越过一座座大山的问题。解决的方案之一是爬坡。火车要想爬过一定高度的山坡,就要克服所遭遇的势能增量,为此火车需要更强的动力。另一个可选择的方案是在山脚下打个隧道穿过去(图 11.2)。注意,火车经行的隧道是在大山底部实实在在地开凿出来的(隧道改变了山的结构),有没有火车通过,那条中空的隧道都在那儿。

图 11.2　火车以从隧道中穿过的方式翻山

11.2　量子隧穿效应

火车是经典世界里的存在,山中没有隧道就只能费力从山顶爬过去。不存在山中没有隧道,一列火车楞是从山中穿过去的可能。我们会看到,在量子世界里就有粒子能量不足却硬从墙上穿过去的诡异现象,我们称之为隧穿效应(tunneling effect)。当然,与火车要么穿过、要么没穿过一条隧道不同,量子世界中粒子的隧穿效应是个几率性事件,粒子有机会从墙上穿过去,它同时也可能会被弹回去。

考察一个粒子,比如质量为 m_e 的电子,能量为 E,在传播过程中遇到一段宽度为 L、势能为 V 的区域。势能大于粒子能量($E < V$)的区域被称为势垒(potential barrier)。在量子力学的语境中,势垒只能部分地挡住或圈住粒子(图 11.3)。把薛定谔方程运用于粒子在单方向上遭遇一个势垒的情形,可以得到粒子穿过势垒的几率为 $e^{-2\sqrt{2m_e(V-E)L^2/\hbar^2}}$。从这个公式可以看出,势垒越高,即 $V - E$ 越大,势垒越宽,则粒子穿越的几率越

小，这和我们的预期相符。一般情形下隧穿的几率太小了。对于电子，若 $V-E$ 为 1 eV，则势垒宽度 L 只在纳米以下才可能产生可观测的效应。在薛定谔方程被写出以后一段时间里，隧穿几率的计算不过是量子力学里的练习题，没有什么现实的意义。

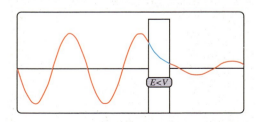

图 11.3 粒子可以一定的几率穿过一段高势能区域

11.3 看见原子

粒子理论上可以从势垒穿越过去的可能性还是有人当真了的。要想让一束电子能以较大的几率穿过一个势垒，可以从两个方面努力：1）让势垒尽可能变窄一些；2）让势垒变低一些。设想有两片挨得很近的导体，导体里当然是有电子的，两导体中间的缝隙，不管是真空还是填上了某种绝缘体，对电子来说都是势垒。如果缝隙足够窄，此外再在两片导体间加上足够大的电压，就能造成电子从某一侧以足够大的几率隧穿到另一侧。连接在两导体之间的电流计应该能测量到一个微弱的电流。到 20 世纪 80 年代，一方面弱电流测量技术取得进展，人们能够轻松测量 nA（10^{-9} 安培）甚至 pA（10^{-12} 安培）大小的电流；另一方面，人们学会了制备纳米级厚度的绝缘层[①]，甚至利用压电陶瓷配合精细电压控制技术，人们能够轻松实现 0.1 nm 级甚至更小的位置移动，这样隧穿效应就变成了比较常规的研

---

① 其实存在天然的纳米厚度的绝缘层。铝、硅等材料的天然氧化层厚度就在纳米量级。这层致密的氧化层防止了材料的进一步氧化。

究对象。

那么，拿隧穿效应干点什么好呢？看原子！

玻尔兹曼这位伟大的物理学家可以说是郁闷而终的。他在存在原子的前提下建立了统计力学，为热力学提供了理论基础。但是，"你见过原子吗?"这个问题却让他寝食难安。如果原子不存在，他的理论就是空中楼阁。是啊，原子存在吗？原子长什么样？玻尔兹曼的悲剧，深深地印在他的同乡们的记忆中。在瑞士 IBM 研究所工作的宾内希（Gerd Binnig，1947—）和罗雷尔（Heinrich Rohrer，1933—2013）在经过多年艰苦努力之后终于利用量子隧穿效应发明了能看见原子的技术，实现了原子成像，这是人类科学技术史上的一个伟大进步，他们也为此获得了 1986 年度的诺贝尔物理学奖。图 11.4 是借助隧道显微镜获得的 Si(111)表面 7×7 重构的原子像，原子排列得多么整齐啊。

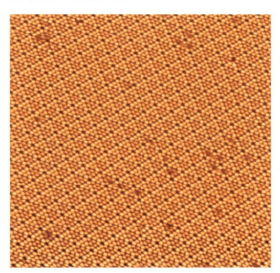

图 11.4 Si(111)－7×7重构的原子排列

宾内希和罗雷尔发明的能看见原子的装置是扫描隧道显微镜，从名字可以看出它利用的物理原理就是量子隧穿效应。利用隧穿效应看原子的技术关键是在导体表面处以小于 0.1 nm 的步长移动一个金属针尖。电子从导体隧穿过一段真空区进入了金属针尖，形成一个小的隧穿电流。在针尖同待观察导体表面之间的电压和距离都恒定的条件下，隧穿电流的大小

同针尖下部的电子密度成正相关。把针尖对着导体表面小范围扫描，所获得的电流分布的图像就能反映导体表面上的原子分布。扫描隧道显微镜的针尖扫描要求小于0.1 nm的步长，自然这针尖要真的尖，顶部最好只有几个原子。

我们知道要想分辨一个非常小的细节，则这些小的细节一定要给我们的感觉器官或者探测器留下差别非常明显的刺激才行。比如，铺满几厘米大小的小石子(石子之间的典型距离也是厘米大小)的路，我们的脚底接触石子和不接触石子的部分感觉差别很大，且不同感知区的距离也够大，所以我们的脚板能分辨出有没有石子，是一个还是两个，是硌了脚趾头还是硌了脚后跟。如果换个情景，我们走在海滩的细沙上。沙子是毫米大小。这时，脚下的沙子给了我们一个整个脚板都被刺激的感觉，虽然沙粒之间也有缝隙，但毫米大小分开的挤压点我们的脚板不能分辨，所以感觉就是模糊一片。如果那沙子细得像粉尘，我们的脚就更感觉不出区别来了，我们甚至会认为它们就是连续的、不可分割的一体。要想能够感知它们细微的特征起伏，就需要一个能感觉到它们细微差别的中介者，并请它把这个差别放大了后告诉我们。现在我们知道，原子之间的距离一般为0.1～0.2 nm，而即使是0.001 nm的距离变化也会让隧穿电流变化几倍甚至几十倍。这就好了。只要有足够尖的针尖，只要针尖的移动足够精细，就能够获得原子的照片了。扫描隧道显微镜的发明，极大地推动了表面物理及相关学科的发展。注意，图11.4中所谓的原子像，里面原子的形象是由隧穿电流的大小随空间变换所造成的衬度像，这个电流像是对运动着的原子的长时间平均，它撷取的只是我们期望的原子特征的某个侧面。凡有相，皆是虚妄，只有不假思索的头脑才把通过各种仪器得到的像理解成物理世界的真实。

11.4　超导隧道效应[①]

　　在常规超导体中，电子是配对的。将两块超导体用普通导体或者绝缘体薄层连接起来，就构成了约瑟夫森结。1962 年，约瑟夫森（Brian David Josephson，1940—）预言连接的两块超导体之间可以发生电子对的隧穿，此即所谓约瑟夫森效应。一个电子对带电荷 $2e$，同普朗克常数结合在一起就引入了一个基本物理常数 $h/2e$，这是磁通量的量子。

　　约瑟夫森效应是宏观量子效应。在约瑟夫森结上即使不加上电压，也能观察到一个隧穿电流。若在两超导体上加一个固定的电压 U_{DC}（小于某个临界值 U_c），则会测到一个振幅为 I_c 的交流电流，I_c 是临界电流。在一定范围内改变电压 U_{DC}，临界电流 I_c 不变，但交流电流的频率保持同电压成正比，$\nu = 2eU_{DC}/h$（图 11.5）。可以想见，约瑟夫森效应提供了一个很好的测量电压的手段。实际上，由于频率是可数的物理量，更可靠，因此借助约瑟夫森效应电压的标准也就采用了频率，1 V 对应 483 597.9 GHz。约瑟夫森结有很多非常巧妙的应用，可以用来探测单光子，也被用来制作高灵敏度磁强计，等等。

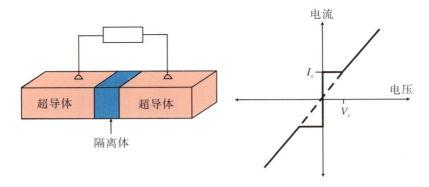

图 11.5　约瑟夫森结及其典型 I－V 曲线

[①]　Tunneling effect 在不同地方被译成了隧穿效应和隧道效应。这里遵从已有的约定。

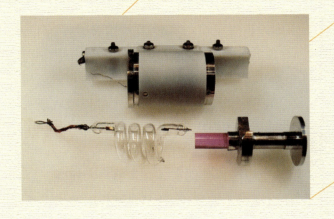

第 12 章

量子电子学与激光

12.1　光的吸收与发射

　　量子力学为原子光谱的产生机制以及谱线的特征,包括谱线的位置(即波长或频率)、明暗、宽窄以及在外场下的分裂行为,都提供了一个大致合理的解释。与光发射过程相对应的逆过程是光的吸收。当某个能级 E_1 上的电子吸收了一个能量为 $h\nu$ 的光子以后,电子会跃迁到能级 $E_2(=E_1+h\nu)$ 上。原子通过电子跃迁过程吸收或者发射光都有一个前提,即初始的能级上要有电子而同时终态的能级上必须有空位。有电子占据的初始态的密度和具有空位的终态的密度一起决定了发射和吸收光的能力。因此,吸收能力强的物体其发射能力也强。这就解释了一个困惑铁匠和灯丝研发者很久的现象:低温时越黑的物体在高温时越亮。原子的低能量能级平时都是被电子占据的,如果要利用低能级(又叫内能级)产生某个波长的光,就必须先把那个能级上的电子赶走。使用高能电子把原子内能级上的电子轰击出去,外层电子就可能会跃迁到内能级上,同时发出一个高能光子。X 射线源包括一支高能电子枪和一块金属靶,其设计就是这个思想的体现。高能电子轰击金属,在其原子的内能级上产生空位,外层电子跃迁到内能级上发出特征 X 射线。与此同时,入射电子因减速还会引起连续谱的 X 射线。

　　对一个看似成功地解决了的物理学问题,略微细想想就会招来更多的问题。比如,关于原子的光发射与吸收问题,我们已经知道合适的光子影响低能级上的电子,造成了后者的跃迁和对前者的吸收;高能级上的电子会自发跃迁到低能级上并发出一个光子。那如果合适的光子影响到高能级上的电子,会发生什么呢?

12.2 受激辐射

如果一个能量为 $h\nu$ 的光子影响了高能级 E_2 上的电子，且在 $E_1 = E_2 - h\nu$ 的低能级上还有空位的话，将会刺激高能级 E_2 上的电子跃迁到低能级 E_1 上，发出一个能量为 $h\nu$ 的光子（图 12.1）。高能级 E_2 上的电子本来就会自发地跃迁到低能级 E_1 上并发出一个能量为 $h\nu$ 的光子，该过程叫自发辐射（spontaneous emission），而在能量为 $h\nu$ 的光子刺激下的辐射被称为受激辐射（stimulated emission）。容易想象，受激辐射过程产生的光子同作为刺激的光子，两者之间应该有某些联系。受激辐射是爱因斯坦于 1916 年在一篇名为"量子理论视角下的射线发射与吸收"[①]的文章中提出的。爱因斯坦太伟大了。阅读他本人的原著才能更深切地理解爱因斯坦的伟大。据说，受激辐射的光子与激发光子拥有相同的相位、频率、偏振和方向[②]。

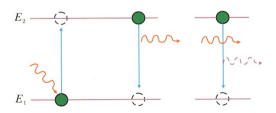

图 12.1　光吸收过程、自发辐射过程和受激辐射过程

如果一个两能级的体系，其电子在两个能级之间吸收跃迁、自发跃迁和受激跃迁，那么电子处于能级 E_2 和 E_1 上的原子数目 N_2 和 N_1 如何变化呢？容易想到，由吸收造成的原子数变化为

---

① A. Einstein，Strahlungs-emission und-absorption nach der Quanten theorie，Verhandlungen der Deutschen Physikalischen Gesellschaft 18，318 − 323(1916).

② 我很怀疑这种说法。关于光子其实我们知道得很少。

$$\frac{dN_2}{dt} = -\frac{dN_1}{dt} = B_{12}\rho_\nu N_1 \qquad (12.1)$$

而由受激辐射造成的原子数变化为

$$\frac{dN_2}{dt} = -\frac{dN_1}{dt} = -B_{21}\rho_\nu N_2 \qquad (12.2)$$

其中 ρ_ν 是光场的密度，B_{12} 和 B_{21} 是爱因斯坦系数。爱因斯坦认为吸收和受激辐射是互逆的过程，因此必有 $B_{12} = B_{21}$。如果 $N_2 > N_1$，则该体系发射的光子数就会比吸收的光子数多，也即系统会拥有光放大的能力。实现了光放大，就能造出更强的光源。

12.3　激光

　　爱因斯坦的受激辐射的概念为实现光放大提供了理论基础。实现光放大的条件是电子在高能级上的原子数要大于在低能级上的原子数，或者说电子处于高能级的几率大于处于低能级的几率。但是，物理的现实是，平衡态下电子处于高能级的几率要远低于处于低能级的几率。必须实现粒子数反转，使得电子在高能级上的原子数大于在低能级上的原子数，这样的体系才能够提供光放大的条件。

　　科学家为了实现在特定两个能级间的粒子数反转，把目光指向了三能级系统或者四能级系统（图 12.2）。在三能级系统中，如果用光源把 E_1 能级上的电子激发（专业术语叫泵浦，pump）到 E_3 能级上，电子在 E_3 能级上若很快通过非辐射跃迁（忘了说啦，电子跃迁到低能级上不一定要发光，还有别的可能，比如把能量传给别的电子[①]）到了 E_2 能级上且在那里能多逗留一会儿，就能实现粒子数反转的条件 $N_2 > N_1$。或者在四能级体系中，用光源把 E_1 能级上的电子激发到 E_4 能级上，电子在 E_4 能级上若很快通过非辐射跃迁到了 E_3 能级上且在那里能多逗留一会儿，同时在 E_2 能级上的

---

① 　如果能量足够把另一个电子踢出原子，则该过程叫俄歇过程（Auger process）。

电子很快通过非辐射跃迁到了 E_1 能级上，就能实现粒子数反转的条件 $N_3 > N_2$。剩下的任务是，找到能实现粒子数反转的泵浦（把电子从 E_1 能级激发到 E_3 或者 E_4 能级）方式和合适的工作物质。

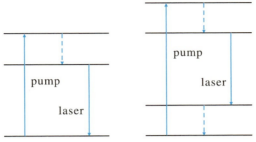

图 12.2 三能级和四能级系统

1960 年，人们利用红宝石制作出了第一台固体激光器，获得了波长为 694.3 nm 的激光。红宝石是含铬杂质的 α-Al_2O_3 晶体，Cr^{3+} 离子提供产生激光的三能级系统。用氙灯把电子激发上去，就能在红宝石晶体中实现粒子数反转，实现光放大的功能。在红宝石晶体棒的一端加上全反射镜（不许光漏出去）而在另一端加上半透镜，一台固体激光器就做好了（图 12.3）。

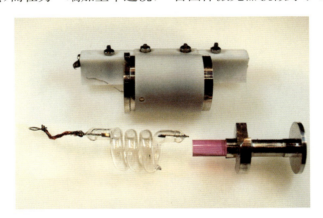

图 12.3 拆开的红宝石激光器。螺线形玻璃管是氙灯。氙灯包围着红宝石晶体棒，对其中低能级上的电子进行泵浦

激光器的出现为人类社会生活各方面带来了意料不到的影响，自然也会影响到物理学的方方面面。特别地，作为量子力学产物的激光对当初引发量子力学的光谱学更是带来了颠覆性的影响。辐射与原子间的相互作

用这一量子电子学（quantum electronics）的主题还在不断地带给我们挑战自身承受力的惊喜。

尽管如此，如果被问到光是什么，光子是什么，严肃的物理学家仍然会痛苦地摇摇头。只有在懂了一些科学之后，人们才明白关于自然人类是多么无知。

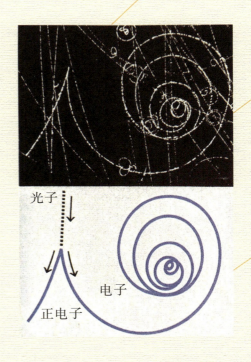

光子

电子

正电子

第13章

相对论量子力学

13.1　狭义相对论

　　狭义相对论是 1887 年开启，到 1905 年经爱因斯坦一手建立起来的物理理论，其间德国人 Woldemar Voigt（1850—1919）[①]、荷兰人洛伦兹（Hendrik Antoon Lorentz，1853—1928）、法国人庞加莱（Henri Poincaré，1854—1912）、意大利人德·普莱托（Olinto de Pretto，1857—1921）等都对相对论的建立做出过关键的贡献。它开始于麦克斯韦的电磁场波动方程 $\partial^2 \varphi / \partial t^2 = c^2 \partial^2 \varphi / \partial x^2$，这个方程所描述的波的速度为光速，这启发人们光也许就是电磁波。1887 年，Voigt 找到了这个方程的一个不变的坐标变换：

$$\left. \begin{array}{l} x' = \dfrac{x - vt}{\sqrt{1 - v^2/c^2}} \\[4mm] t' = \dfrac{t - xv/c^2}{\sqrt{1 - v^2/c^2}} \end{array} \right\} \tag{13.1}$$

将这个坐标变换代入麦克斯韦的波动方程，方程变成 $\partial^2 \varphi / \partial t'^2 = c^2 \partial^2 \varphi / \partial x'^2$，即方程的形式不变[②]。这个变换如今被称为洛伦兹变换。由这个变换，若经过利用 v_1 和 v_2 连续变换的效果等价于利用 v 一次变换的效果，可得速度"相加"公式 $v = (v_1 + v_2)/(1 + v_1 v_2/c^2)$，它意味着对于任何两个不大于光速的速度，其和仍不大于光速。自然，光速和任何速度相加，结果还是光速。一些地方把光速不变当成爱因斯坦相对论的原理，但爱因斯坦的原文想表达的意思是你看到任何移动的光源所发出的光，其速度都是常数 c。爱因斯坦进一步地利用相对性原理导出了关系式 $\Delta E = \Delta m c^2$。由此，若一个质量为 m 的粒子，质量全部转化成能量，则有 $E = mc^2$。对于一个运动着的粒子，狭义相对论给出能量－动量关系为

$$E^2 = p^2 c^2 + m^2 c^4 \tag{13.2}$$

---

①　这位教授竟然未曾出现在中文相对论文献中，我不知道其名字的标准汉译是什么。

②　变换下不变才是相对论的思想精髓。

上述几点是狭义相对论的主要内容。①

13.2 相对论量子力学的尝试

量子力学和相对论是 20 世纪物理学的两大支柱。当粒子的速度接近光速 c 时,必须用相对论描述其行为。量子力学处理的情形,比如原子中电子的运动,就接近光速。量子力学的创立者们从一开始就希望量子理论是相对论性的,薛定谔在 1926 年给出 $i\hbar\partial\psi/\partial t = \hat{H}\psi$ 版本的量子力学波动方程之前是尝试过从相对论入手的,但是没成功。

1926 年,克莱因(Oscar Klein,1894—1977)和戈登(Walter Gordon,1893—1939),当然还有别的人,建议从方程(13.2)出发构造描述电子的相对论性量子力学。作代换 $E \mapsto i\hbar\partial_t$,$p_x \mapsto -i\hbar\partial_x$,方程(13.2)就变成了

$$\hbar^2\left(-\frac{1}{c^2}\frac{\partial^2}{\partial t^2} + \frac{\partial^2}{\partial x^2} + \frac{\partial^2}{\partial y^2} + \frac{\partial^2}{\partial z^2}\right)\psi = m^2 c^2 \psi \qquad (13.3)$$

可惜,这个方程描述的是无自旋粒子的量子行为,而电子是自旋 $\frac{1}{2}$ 的粒子。这个方程如今被称为 Klein-Gordon 方程。

有必要另辟蹊径!

13.3 狄拉克方程

1928 年,狄拉克着手构造相对论量子力学。狄拉克注意到,薛定谔方程 $i\hbar\partial\psi/\partial t = \hat{H}\psi$ 中,坐标和时间的地位是不平等的。$\hat{H} = i\hbar\partial/\partial t$ 是关

---

① 速度相加公式表面上是遵循赝黎曼几何的 (x,t)-平面内的转动。光速不仅是常数,它还是个整数,或者干脆就是 1。敬请期待作者的《相对论(少年版)》。

于时间 t 的一次微分；与此同时，$\hat{H} = \hat{p}^2/2m + V$，$\hat{p} = -\mathrm{i}\hbar\partial/\partial x$，则哈密顿量是关于坐标 x 的二次微分。从能量－动量关系出发得到的 Klein － Gordon 方程中，坐标和时间的地位是平等的，但是二阶微分形式的方程描述的不是电子这样有自旋 $\frac{1}{2}$ 的粒子。狄拉克想，也许构造一个关于时间和坐标都是一阶微分的方程能够描述相对论性的电子。这需要将方程（13.2）改造成线性的形式，即要将右侧的两项平方和改造成两项和的平方的形式，即要构造如下的数学：

$$x^2 + y^2 = (\alpha x + \beta y)^2 \tag{13.4}$$

这样做能行吗？我们在中学里可是只学过 $x^2 - y^2 = (x - y)(x + y)$ 和 $x^2 + y^2 = (x - \mathrm{i}y)(x + \mathrm{i}y)$。

狄拉克发现，若能找到这样的系数 α, β，使得

$$\alpha^2 = \beta^2 = 1, \quad \alpha\beta = -\beta\alpha \tag{13.5}$$

则式（13.4）就能成立。普通的实数和复数是不能满足反对易关系 $\alpha\beta = -\beta\alpha$ 的。可是，矩阵能啊。矩阵，又是矩阵。

狄拉克发现，展开式（13.2）右侧需要 $\alpha_1, \alpha_2, \alpha_3$（$\alpha$ 是有三个分量的矢量）和 β 四个系数，这些系数要满足式（13.5），这些矩阵的阶数必须是偶数，且至少应该是 4×4 的矩阵才行。狄拉克选择最简单的情形，假设 α_1，α_2, α_3 和 β 都是 4×4 的矩阵。参照泡利矩阵[①]，狄拉克给出了 $\alpha_1, \alpha_2, \alpha_3$ 和 β 的 4×4 矩阵表示：

$$\alpha = \begin{bmatrix} 0 & \sigma \\ \sigma & 0 \end{bmatrix}, \quad \beta = \begin{bmatrix} I & 0 \\ 0 & -I \end{bmatrix} \tag{13.6}$$

其中，σ 是 2×2 的泡利矩阵（共三个，见自旋一章），I 是 2×2 的单位矩阵。

利用式（13.6）中的狄拉克矩阵分解方程（13.2），得到哈密顿算符（请牢记能量 E 是哈密顿算符的本征值）

$$\hat{H} = c\alpha \cdot \hat{p} + mc^2\beta \tag{13.7}$$

---

① 也许没参照。

由此构造出量子力学的狄拉克方程

$$(c\alpha \cdot \hat{p} + mc^2\beta)\psi = \mathrm{i}\partial_t \psi \tag{13.8}$$

且慢！式(13.8)中的 $\alpha_1, \alpha_2, \alpha_3$ 和 β 都是 4×4 的矩阵，那波函数 ψ 应该是 1×4 的矩阵，算法才有意义，即

$$\psi = \begin{pmatrix} \psi_1 \\ \psi_2 \\ \psi_3 \\ \psi_4 \end{pmatrix} \tag{13.9}$$

有四个分量的波函数，怎么理解？狄拉克方程能描述相对论性电子吗？

13.4 自旋是内禀自由度

狄拉克为自由的相对论性电子引入了哈密顿量 $\hat{H} = c\alpha \cdot \hat{p} + mc^2\beta$ 以及狄拉克方程(13.8)。首先，可以看到 $[\hat{H}, \hat{p}] = 0$，也就是说自由电子的动量是守恒量。但是，奇怪的是 $[\hat{H}, \hat{L}] = [\hat{H}, \hat{r} \times \hat{p}] \neq 0$，即自由电子的角动量不守恒。不应该呀！如果给角动量加上一个常量（三分量矢量，4×4 矩阵）

$$S = \frac{\hbar}{2}\begin{pmatrix} \sigma & 0 \\ 0 & \sigma \end{pmatrix} \tag{13.10}$$

会发现 $[\hat{H}, \hat{J}] = [\hat{H}, \hat{L} + \hat{S}] = 0$，即总角动量 $\hat{J} = \hat{L} + \hat{S}$ 是个守恒量。这是说，电子本就有大小为 $\hbar/2$ 的内禀角动量，与其运动状态无关。

仅仅从满足相对论能量－动量关系出发，就能得出电子必然具有大小为 $\hbar/2$ 的角动量，太奇妙了。这样看来，作为描述粒子行为的自由度之一的自旋，是一个内禀的自由度。

13.5　反粒子与反物质

从狄拉克矩阵的形式来看,这些 4×4 的矩阵是重复使用 2×2 的矩阵搭建的,因此狄拉克方程(13.8)中的 4 分量波函数也会反映出这样的结构。求关于自由电子的平面波形式解的本征值问题,会发现有能量本征值为 $E_{\pm}=\pm\sqrt{c^2p^2+m^2c^4}$,对应 (E_+,S_+),(E_+,S_-),(E_-,S_+),(E_-,S_-) 的解构成一组完备正交基。问题是,自旋 S 有正负(上下)好理解,自由电子的能量有正负是怎么回事呢?

狄拉克为了解释这个负能量态,充分发挥了他的天马行空式的思维。他假设负能量状态是确实存在的,但都被电子填满了,那是一个负能量电子海。那里的电子要被激发到正能量态才能被观察到,所以没见到负能量电子满世界乱跑没啥奇怪的。可是,若负能量电子海跑出来了一个电子,那里就会留下一个带正电的空位,类似啤酒里的气泡。这个空位的行为应该类似一个带正电的粒子。带正电的粒子那时候倒是有一个,就是质子。可是,质子质量是电子质量的 1836 倍,它可能不是电子从负能量海跑出后留下的气泡。不知怎么,狄拉克灵光一现,负能量态为什么非要是负能量态? 它为什么不是正能量态,描述的是一个质量、自旋与电子的相同但是带一个单位正电荷的电子呢[①]? 带正电荷的电子,positive electron,那就叫正电子(positron)好了。1932 年安德森(Carl D. Anderson)在宇宙射线中发现了正电子的踪迹(图 13.1)。图 13.1 可以这样诠释,一个高能的 γ 光子经原子散射后变成一个电子和一个正电子,两者带相反的电荷,在磁场下向两侧弯曲前行。因此,图中突然冒出两条线,向两侧发展。正电子是反物质,和物质世界的水蒸气作用很强,很快就消失了,在图中表现为

---

① 　P. A. M. Dirac, The Quantum Theory of the Electron, Proceedings of the Royal Society A117(778), 610－624(1928).

一段白线；电子被水蒸气缓慢减速，因此其轨迹是螺旋线。

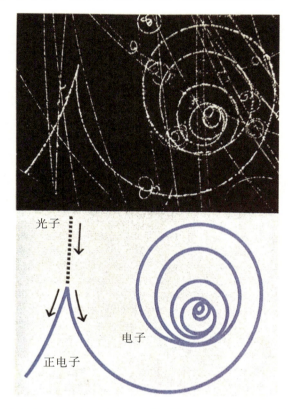

图 13.1　高能光子被原子散射引起衰变，产生了一个正负电子对

　　物理理论的每一次重大突破，都会让我们惊讶地看到更多的宇宙奥秘。物理学的迷人之处，端在于此。正电子的发现，打开了一个"潘多拉"的盒子，很快更多的反粒子被相继发现，如反质子（1955 年）和反中子（1956 年）。有些粒子的反粒子一直没发现，但不妨碍人们谈论它。不过反粒子很少，且遇到普通粒子会发生湮灭。比如正负电子相遇就会湮灭，一般会生成两个光子

$$e^+ + e^- \longmapsto 2\gamma \tag{13.11}$$

有人把这个过程理解成物质－能量转换，甚至继而把能量理解成和物质同一层次的概念，恐怕有值得商榷处。正负电子对湮灭不是把物质变成了数字式的能量，而是变成了带有一定能量（还有动量！）的、实在的两个或者多

个光子。$e^+ + e^- \mapsto 1\gamma$ 这样的过程满足质能方程，可它不会发生，因为它不满足动量守恒。正负电子对湮灭成光子，反过来光子也可以衰变成正负电子对（它本来就是因为这个过程被发现的，见图 13.1），只是过程不会如式子 $1\gamma \mapsto e^+ + e^-$ 所描述的那么简单，要通过很复杂的物理过程才能实现。物理过程要满足这个定律、那个定律，但只满足你所知道的定律的物理过程未必就会发生。学物理者请切记这一点。

反粒子的奇异物理性质及其与普通粒子之间的强烈相互作用勾起了很多人的好奇心和不服气的劲头。利用反粒子制备反物质就是一项正在进行的挑战。反氢原子由一个反质子和一个反电子构成（图 13.2）。无论是产生反质子和反电子，还是将它们赶到一起去，以及让它们维持原子的形态，都不容易，为此付出的努力会强烈促进实验技术的进展。2011 年，反氢原子的寿命已经可以维持到 1000 s 了。

图 13.2　氢原子和反氢原子

关于反粒子和反物质，有很多问题等待着我们去探索。为什么有些粒子找不到反粒子？粒子为什么见不得反粒子？为什么我们生活在一个物质的世界，周围的反物质那么少？不知道。答案在焦急地等待着探索者。

量子力学关键人物与事件

1. 玻尔兹曼（Ludwig Boltzmann，1844—1906，奥地利人）。早在 1877 年，玻尔兹曼就假设原子的能量可取某个单位值的整数倍，则在粒子数和总能量一定的条件下，最可几分布是每个能量 ε_i 对应的粒子数为 $n_i \propto \exp(-\varepsilon_i/kT)$ 的分布状态，这就是所谓的玻尔兹曼分布。存在分立能级的思想对建立量子力学具有启发性的意义。玻尔兹曼被誉为"笃信原子存在的人"。

2. 巴尔末（Johann Balmer，1825—1898，瑞士人）。1885 年，巴尔末猜出氢原子在可见光部分的四条谱线的波长满足公式 $b \cdot n^2/(n^2 - 2^2)$，这是量子力学得以发展的第一步。

3. 普朗克（Max Planck，1858—1947，德国人）。1900年，普朗克用自己灵光一闪构造的内能－熵关系，推导出了能描述黑体辐射的能量密度对辐射波长（频率）依赖关系的公式。进一步地，他又想根据玻尔兹曼的那套经典统计的把戏，即计算 N 个球放到 P 个盒子里共有多少种不同的放法，同样推导出这个公式。这样，他就必须假设某个

频率的辐射对应的内能 U_ν，是他此前引入的具有能量量纲的量 $h\nu$ 的整数倍。这就是说，$h\nu$ 是频率为 ν 的辐射的基本能量单位。此一假设被看作是量子力学的开端，而普朗克常数 h 也成了量子力学的标志。普朗克被誉为"把一生献给热力学的人"。

4. 爱因斯坦（Albert Einstein，1879—1955，德国人）。1905年，爱因斯坦利用 $h\nu$ 是频率为 ν 的辐射的基本能量单位的假说，成功解释了光电效应。爱因斯坦对量子力学的贡献还包括引入玻色－爱因斯坦统计，引入受激辐射的概念，对量子力学完备性的讨论，以及建立固体量子论等。

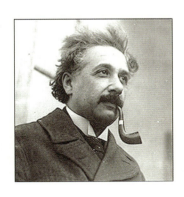

5. 卢瑟福（Ernest Rutherford，1871—1937，新西兰裔英国人）。1911 年，卢瑟福用 α 粒子轰击金箔，基于这个散射实验的结果提出了原子的有核模型。1917 年，他通过分裂原子的实验发现了质子。

6. 玻尔（Niels Bohr，1885—1962，丹麦人）。玻尔基于巴尔末和里兹的光谱公式指出原子发光是电子在不同能级上的跃迁造成的。1913 年玻尔提出了氢原子的模型，首次给出了电子轨道的量子化条件。玻尔在哥本哈根建立的研究所后来成为量子力学开创者们的聚集地。

7. 索末菲（Arnold Sommerfeld，1868—1951，德国人）。索末菲是旧量子论的奠基人之一，提出了描述氢原子中电子行为的第一和第三量子数。他为理论物理的时代培养了大批的学生，是学生获诺贝尔奖最多的导师。

8. 维格纳（Eugene Wigner，1902—1995，匈牙利裔美国人）。维格纳在其博士论文中首次提到分子激发态有能量展宽 $\Delta\varepsilon$，它同平均寿命 Δt 通过关系式 $\Delta\varepsilon\cdot\Delta t = h$ 相联系。相关工作始于 1922 年，发表于 1925 年。维格纳发现简并态的存在同量子系统对称性的不可约表示有关，他是将群论应用于量子力学的重要推动者。

9. 康普顿（Arthur Holly Compton，1892—1962，美国人）。1923 年，康普顿用光具有粒子性的假设解释了 X 射线被电子散射后波长随散射角度的变化。康普顿效应是光具有粒子性的有力证据。

10. 玻色（Satyendra Nath Bose，1894—1974，印度人）。1924 年玻色在假设光量子的能级有子能级（sublevel）的前提下得出了黑体辐射公式。玻色的论文是爱因斯坦给翻译成德语发表的。爱因斯坦接着玻色的工作发展起了玻色-爱因斯坦统计。自旋为整数的粒子都满足玻色-爱因斯坦统计，被称为玻色子。

11. 泡利（Wolfgang Pauli，1900—1958，奥地利人）。1924年泡利推断电子还存在一个二值的自由度，并提出了"不相容原理"。泡利矩阵是描写自旋角动量的数学工具，它是狄拉克相对论量子力学中的狄拉克矩阵的前驱。粒子自旋同不同量子统计之间的对应也是泡利证明的。1930年，泡利预言了中微子的存在。

12. 费米（Enrico Fermi，1901—1954，意大利人）。1925年费米提出了满足泡利不相容原理的粒子的统计规律，即费米－狄拉克统计。自旋为半整数的粒子被称为费米子，满足费米－狄拉克统计。

13. 德布罗意（Louis de Broglie，1892—1987，法国人）。受光可能是粒子概念的启发，德布罗意于 1924 年提出了物质粒子，如电子，也可能是波的想法。这就是物质波的概念。德布罗意后来致力于量子力学的因果论诠释。

14. 海森伯（Werner Heisenberg，1901—1976，德国人）。1925 年，海森伯为了解释原子谱线的强度去构造新的量子力学，即矩阵力学。1927 年，海森伯提出了不确定性原理。

15. 若尔当（Ernst Pascual Jordan，1902—1980，德国人）。若尔当参与了矩阵力学的建立，从 $[\hat{x},\hat{p}]=i\hbar$ 得出表达式 $\hat{p}_x = -i\hbar\partial_x$，这是经典力学方程算符化的基础。若尔当还导出了费米子的反对易关系式 $\{c_i,c_j^+\}=\delta_{ij}$。若尔当对量子力学的贡献未得到应有的肯定。

16. 玻恩（Max Born，1882—1970，德国人）。1921 年，玻恩建立了晶体的晶格理论；1925 年他和若尔当协助建立了矩阵力学；1926 年他给出了波函数的几率幅诠释。玻恩是一位数学、物理功底都非常深厚的大学者。

17. 薛定谔（Erwin Schrödinger，1887—1961，奥地利人）。1926年，薛定谔为给德布罗意的物质波找到一个波动方程，提出了著名的薛定谔方程。更重要的是，他深刻地指出量子力学是本征值问题。薛定谔方程是量子力学的基本方程之一。他于1935年提出了后来被命名为"薛定谔的猫"的思想性实验，本意只是说也许能建立起（宏观）猫的

死、活状态与放射性物质的衰变或未衰变（微观）状态之间的对应，从而宏观观测量可以作为微观量子状态的指示，类似 x 作为指数与指数函数 e^x 之间的对应。关于"薛定谔的猫"的很多说法都是后来者的演绎。他的小册子《什么是生命》对生物学（生命存在信息载体）和材料科学（准周期结构）都有深刻的影响。薛定谔还是一位了不起的文化学者。

18.（右起）古德斯密特（Samuel Abraham Goudsmit，1902—1978，荷兰人）和乌伦贝克（George Eugene Uhlenbeck，1900—1988，荷兰人）。1926年他们用电子自旋的概念解释塞曼效应和氢原子光谱的精细结构。自旋是描述原子中电子状态的第四个量子数。

19. 狄拉克（P. A. M. Dirac，1902—1984，英国人）。1926 年，狄拉克敏锐地注意到了矩阵力学中的对易关系和经典力学中的泊松括号之间的类比关系。1928 年，狄拉克得出了满足相对论的量子力学方程，即狄拉克方程。从这个方程出发，可以理解电子的自旋是一种内禀性质，存在反粒子，等等。他还研究了全同粒子的性质，得到了著名的费米－狄拉克统计。狄拉克于 1930 年出版的《量子力学原理》是量子力学史上的里程碑。

20. 冯·诺依曼（John von Neumann，1903—1957，匈牙利裔美国人）。冯·诺依曼是一位多面手型的天才，在数学、物理、计算机甚至经济学领域都有杰出的贡献。1926 年，冯·诺依曼指出，算符的本征态张成一个矢量空间并名之为希尔伯特空间，量子态可以看成希尔伯特空间中的一个矢量。进一步地，冯·诺依曼认为测量一个力学量得到的值应该是该力学量的某个本征值；测量后的状态坍缩到对应的本征态上。冯·诺依曼于 1932 年撰写的《量子力学的数学基础》是量子力学测量理论的基础，虽然未必正确。

21.（右起）戴维森（Clinton Dsvisson，1881—1958，美国人）和革末（Lester Halbert Germer，1896—1971，美国人）。1927 年他们观察到电子束被镍晶体衍射后产生了和 X 射线衍射同样的花样。此实验表明电子具有某种意义上的波动性。

22. 希尔伯特（David Hilbert，1862—1943，德国人）。希尔伯特是不世出的天才数学家，他 1900 年关于数学问题的报告为后来一百多年的数学研究指明了方向。希尔伯特后来对物理产生了浓厚的兴趣，参与了广义相对论的研究。以他的名字命名的希尔伯特空间是量子力学的关键概念。量子力学中谈论的系统的状态可以看作是希尔伯特空间中的一个矢量。

23. 外尔（Hermann Weyl，1885—1955，德国人）。外尔是著名的数学物理学家，对物理的许多领域都有贡献，其中规范理论的概念就是他引入的，群论也是他引入物理学的。群论是深入研究量子力学的数学工具。

24. 费曼（Richard Phillips Feynman，1918—1988，美国人）。费曼 1948 年给出了量子力学的第三种表述——路径积分表述。他因为对建立量子电动力学的贡献而于 1965 年获得诺贝尔物理学奖。

25. 贝尔（John Bell，1928—1990，爱尔兰人）。1964 年，贝尔提出了著名的贝尔不等式，从而开启了量子力学研究的新时代。贝尔不等式基于经典概率，而量子力学测量显示结果的关联是违反贝尔不等式的。贝尔不等式把关于量子力学基本问题的争论从字面诠释导引到实际的测量问题上去。

附录A
矩阵的数学

1. 矩阵的定义

　　将排成一个矩形阵列的对象放入括号内,就构成一个矩阵。汉语矩阵强调的是阵列是个矩形,而西文 matrix 与母腹、子宫有关,强调的是被括号兜起来的形象,与俄罗斯套娃鼓鼓的腹部神似(图A.1)。如果阵列为 n 行 m 列,则该矩阵为 $n \times m$ 矩阵;若 $n = m$,则该矩阵是一个方阵。矩阵中

$$\begin{pmatrix} a_{11} & a_{12} & \cdots & a_{1m} \\ a_{21} & a_{22} & \cdots & a_{2m} \\ \cdots & \cdots & \cdots & \cdots \\ a_{n1} & a_{n2} & \cdots & a_{nm} \end{pmatrix}$$

图 A.1　俄罗斯套娃的腹部与 matrix 的形象对比

排列的单个对象是矩阵的元素，称为矩阵元。我们关切的矩阵元可以是实数，也可以是复数或者别的数学对象。量子力学关切的是复数的矩阵。

对于 $n \times m$ 矩阵 $\boldsymbol{A}$，记其矩阵元为 a_{ij}，则矩阵可表示为

$$\boldsymbol{A} = \begin{pmatrix} a_{11} & a_{12} & \cdots & a_{1m} \\ a_{21} & a_{22} & \cdots & a_{2m} \\ \cdots & \cdots & \cdots & \cdots \\ a_{n1} & a_{n2} & \cdots & a_{nm} \end{pmatrix} \tag{A.1}$$

定义 $\boldsymbol{A}^{\mathrm{T}}$ 为矩阵 $\boldsymbol{A}$ 的转置，$a_{ij}^{\mathrm{T}} = a_{ji}$。如果将矩阵转置时还要求矩阵元取复共轭，所得的矩阵为转置共轭矩阵 $\boldsymbol{A}^*$。对于方阵 $\boldsymbol{A}$，若转置共轭后矩阵不变，$a_{ij} = a_{ji}^*$，则这样的矩阵是厄米特矩阵或者自伴随矩阵。量子力学中物理量算符都是自伴随算符，所对应的矩阵为厄米特矩阵。厄米特矩阵尽管矩阵元可能是复数，但本征值是实的。

若一个方阵的矩阵元除了 a_{ii} 以外全为 0，则这样的矩阵是对角阵；若对角元素还全部为 1，即 $a_{ii} = 1$，则这样的矩阵是单位矩阵。

2. 矩阵的算法

一个 $n \times m$ 矩阵可以和别的 $n \times m$ 矩阵相加减，对应的矩阵元分别加减，即 $\boldsymbol{A} = \boldsymbol{B} \pm \boldsymbol{C}$，意味着 $a_{ij} = b_{ij} \pm c_{ij}$。一个 $k \times n$ 矩阵可以和别的 $n \times m$ 矩阵相乘，用前一个矩阵某行上的矩阵元同后一个矩阵某列上对应的矩阵元相乘后求和，作为积矩阵的矩阵元，即 $\boldsymbol{A} = \boldsymbol{BC}$ 意味着 $a_{ik} = \sum_j b_{ij} c_{jk}$。

对于 $n \times n$ 的方矩阵 $\boldsymbol{A}$，定义矩阵的值为 $\det(\boldsymbol{A})$，则

$$\det(\boldsymbol{A}) = \sum_{\sigma \in S_n} \mathrm{sgn}(\sigma) \prod_{i=1}^{n} a_{i,\sigma_i}$$

这个公式解释起来太复杂，我们不妨举例说明。

对于 2×2 的方矩阵 $\boldsymbol{A}$，

$$\det(\boldsymbol{A}) = a_{11}a_{22} - a_{12}a_{21}$$

对于 3×3 的方矩阵 $\boldsymbol{A}$，

$$\det(\boldsymbol{A}) = a_{11}a_{22}a_{33} + a_{12}a_{23}a_{31} + a_{13}a_{21}a_{32} - a_{11}a_{23}a_{32}$$
$$- a_{12}a_{21}a_{33} - a_{13}a_{22}a_{31}$$

3. 矩阵的本征值与本征矢量

对于 $n \times n$ 的矩阵 $\boldsymbol{A}$，存在矢量 $\boldsymbol{v}$（$n \times 1$ 的矩阵）和常数 λ，满足

$$\boldsymbol{A} \cdot \boldsymbol{v} = \lambda \boldsymbol{v} \qquad (A.2)$$

则称该矢量 $\boldsymbol{v}$ 是矩阵 $\boldsymbol{A}$ 的一个本征矢量，常数 λ 是对应的本征值。$n \times n$ 的矩阵有 n 个本征矢量和对应的本征值。

求矩阵的本征值就是解方程

$$(\boldsymbol{A} - \lambda \boldsymbol{I}) \cdot \boldsymbol{v} = 0 \qquad (A.3)$$

其中 $\boldsymbol{I}$ 是 $n \times n$ 的单位矩阵，这要求 $\det(\boldsymbol{A} - \lambda \boldsymbol{I}) = 0$。这实际上就是关于 λ 的一元 n 次代数方程。解此方程可得 n 个本征值 $\lambda_1, \lambda_2, \cdots, \lambda_n$。将解得的 n 个本征值代回方程，按照求解线性方程组的标准步骤，可求出相应的本征矢量 $\boldsymbol{v}_1, \boldsymbol{v}_2, \cdots, \boldsymbol{v}_n$。求解本征值在处理转动问题、扰动问题和固体振动问题时都会遇到。

可以用泡利矩阵 $\boldsymbol{\sigma}_2 = \begin{bmatrix} 0 & -\mathrm{i} \\ \mathrm{i} & 0 \end{bmatrix}$ 来演示如何求解本征值。$\det(\boldsymbol{\sigma}_2 - \lambda \boldsymbol{I}) = 0$，即

$$\det \begin{bmatrix} -\lambda & -\mathrm{i} \\ \mathrm{i} & -\lambda \end{bmatrix} = 0$$

可得方程 $\lambda^2 = 1$，所以 $\lambda_1 = 1, \lambda_2 = -1$。别的泡利矩阵也有同样的本征值，这说明自旋在任何方向上的投影都是 $+1$ 和 -1（单位为 $\hbar/2$）。

将本征矢量 $\boldsymbol{v}_1, \boldsymbol{v}_2, \cdots, \boldsymbol{v}_n$ 并排放置，可得一个 $n \times n$ 矩阵 $\boldsymbol{D} = (\boldsymbol{v}_1, \boldsymbol{v}_2, \cdots, \boldsymbol{v}_n)$。用此矩阵可将原矩阵 $\boldsymbol{A}$ 对角化，即 $\boldsymbol{D}^{\mathrm{T}} \boldsymbol{A} \boldsymbol{D}$ 会是一个对角矩阵，对角元依次为 $\lambda_1, \lambda_2, \cdots, \lambda_n$。

附录B
微分与偏微分

1. 微分

对单变量函数 $f(x)$ 求微分,就是计算它如何随变量 x 改变,即计算 $\Delta f(x)/\Delta x$ 在 $\Delta x \rightarrow 0$ 的值。对于函数 $f(x) = x^n$,容易计算在 $\Delta x \rightarrow 0$ 时,

$$\frac{(x+\Delta x)^n - x^n}{\Delta x} = nx^{n-1}$$

,可记为 $f'(x) = \mathrm{d}(x^n)/\mathrm{d}x = nx^{n-1}$。

同样地,可得 $\mathrm{d}(\mathrm{e}^x)/\mathrm{d}x = \mathrm{e}^x$;$\mathrm{d}(\ln x)/\mathrm{d}x = 1/x$;$\mathrm{d}(\sin x)/\mathrm{d}x = \cos x$;$\mathrm{d}(\cos x)/\mathrm{d}x = -\sin x$。记住这几个特殊函数的微分就够用了。

2．偏微分

　　对多变量函数求关于某个变量的偏微分，就是在假设其他变量不变的情况下求微分。函数 $f(x,y,\cdots)$ 关于变量 x 的偏微分可记为 $\partial f/\partial x$ 或者 $\partial_x f$；同样地，函数 $f(x,y,\cdots)$ 关于变量 y 的偏微分可记为 $\partial f/\partial y$ 或者 $\partial_y f$。举例来说，求两变量函数 $f(x,y)=x^n y+\mathrm{e}^y+\ln x$ 的偏微分，参照上节几个特殊函数的微分，容易求得 $\partial_x f=nx^{n-1}y+1/x$，$\partial_y f=x^n+\mathrm{e}^y$。

附录C
复数、复函数与复变函数

1. 复数

复数由两个实数通过单位虚数 i 连接而成：$z = a + ib$，其中 a，b 为实数，i 是单位虚数，$i \cdot i = -1$；a 称为复数 z 的实部，记为 $\mathrm{Re}(z)$，b 称为复数 z 的虚部，记为 $\mathrm{Im}(z)$。虚数 $z = a + ib$ 的复共轭定义为 $z^* = a - ib$。虚数的加法和乘法定义如下：对于虚数 $z_1 = a_1 + ib_1$，$z_2 = a_2 + ib_2$，有

$$z_1 + z_2 = (a_1 + a_2) + i(b_1 + b_2),$$

$$z_1 z_2 = (a_1 a_2 - b_1 b_2) + i(a_1 b_2 + a_2 b_1) \tag{C.1}$$

复数可以表示二维平面内的一个矢量。容易看出，复数的加法对应二维平面内的矢量加法。

根据欧拉公式 $e^{ix} = \cos x + i\sin x$，复数 $z = a + ib$ 可改写为 $z = re^{i\varphi}$，其中 r 被称为复数 z 的模，φ 被称为复数 z 的辐角（图 C.1），$r^2 = a^2 + b^2 =$

$z^{*}z,\varphi=\arctan(b/a)$。

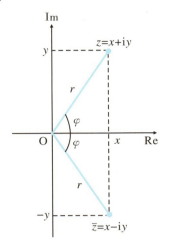

图 C.1　复数及其复共轭在复平面内的表示

复数具有两个单元,因此又称为二元数(binarion),可表示为 $z = (a,b)$,则 $z^{*}=(a,-b)$,$z_1 + z_2 = (a_1 + a_2, b_1 + b_2)$,$z_1 z_2 = (a_1 a_2 - b_1 b_2, a_1 b_2 + a_2 b_1)$。这样的表示中,单位虚数 i 不见了,但它实际上就隐藏在二元数的加法和乘法中,因此我们也就容易理解为什么说 i 是一种操作或者说规定了一种算法了。

2. 复函数

复函数是取值为复数的函数。量子力学中薛定谔方程所涉及的波函数 ψ 就是复函数,变量是时空坐标 $(x,y,z;t)$,全是实数。波函数 ψ 的模平方在全空间中的积分要求为 1,即 $\int|\psi|^2 d\tau = \int\psi^{*}\psi\,d\tau = 1$。这就是波函数的归一化。有些波函数,比如平面波形式的波函数 $\psi(x,t) = e^{i(kx-\omega t)}$,其归

一化是成问题的①。波函数 ψ 可以表成 $\psi = |\psi|\,e^{i\theta}$，此时 θ 被称为波函数 ψ 的相位（phase）。相位是波函数的重要因子，是理解量子干涉现象的关键。

3. 复变函数

变量为复数 $z = x + iy$ 的函数 $w(z)$ 是复变函数。由于变量 x, y 是通过 i 联系到一起的，因此复变函数 $w(z)$ 是一类特殊的两变量函数。复变函数 $w(z)$ 可以写成 $w(z) = u(x, y) + iv(x, y)$ 的形式，其中 $u(x, y)$ 和 $v(x, y)$ 是两实变量的实函数。若复变函数 $w(z)$ 是可微的（complex differentiable），则要求

$$\left.\begin{aligned} \frac{\partial u}{\partial x} &= \frac{\partial v}{\partial y} \\ \frac{\partial u}{\partial y} &= -\frac{\partial v}{\partial x} \end{aligned}\right\} \tag{C.2}$$

此即所谓的柯西－黎曼条件。此条件说明，复平面不同于一般的 $x - y$ 平面，因为在复数 $z = x + iy$ 中 x, y 之间是存在固定联系的。复变函数在物理学和数学各领域中都有重要的应用，应该学会。

---

① 也算不得什么大问题。基于有限假设构建的理论，总会在某些地方暴露出其先天不足来。还没有完美无缺的物理理论。

后　记

　　在磨磨蹭蹭了 11 年之久以后，我终于在仓促中完成了《量子力学（少年版）》的草稿。推开键盘，只想郑重地对自己的孩子说一声：对不起！那活泼好学的小男孩，在他的少年时代到底是没能看到这本少年版的量子力学。

　　1938 年，Jack Willamson 出版了科幻小说《无边的时间》（*The Legion of Time*）。故事说，人类的未来有希望和堕落两种可能，而选择的关键（the Jonbar point）要由一个名叫 John Barr 的男孩作出。他可能会在草地上捡起一块小磁铁，成为一个伟大的科学家；或者捡起一块小石子，成为一个流浪汉。这个故事让我深有感触。我们太多的拥有成为伟大科学家天赋的小朋友，他们需要的只是一块撩起好奇心的小磁铁！我衷心希望，我的这本小书会是这样的一块小磁铁，能撩起许多小朋友对科学的好奇。

　　我也希望，有更多的职业教师和科学家能够思考"老师"这两个字所意味的责任，努力去滋养孩子们的好奇心。我们的孩子，不管是捡起了一块小磁铁还是捡起了一块小石子，只要有好的老师加以引导，都能成长为明日的科学家——至少他们会成为用科学武装了头脑的未来公民。

　　2011 年夏，我有幸去到丹麦的玻尔研究所，在玻尔书房中的桌前坐下，心潮起伏。遥想当年，一批天才的创造者们就汇聚在这栋小楼里，让思想自由碰撞到火花四溅,奠定了量子力学基础之大部分。对于渴望成为科学家的人们,那是怎样的令人神往的情景。科学需要思想的自由,还需要思想激情碰撞的机会。嘉士伯啤酒老板的这幢私人宅院,成就了物理学历史上最辉煌的一幕——当年在玻尔研究所工作和学习过的一批人,半数以上成了诺贝尔奖得主,他们的照片就被贴在玻尔研究所一楼过道的墙上。在我不长的人生中,我见到过许多充满聪明才智、豪气干云的少年人,多么不希望他们未来不过是泯然众人的"方仲永教授"。他们的索末菲老师在哪里? 他们的玻尔研究所在哪里? 我不知道。

让我们这些不幸已经荒废了少年时光的为人父母者,努力为少年们构筑充满欢乐和希望的科学殿堂吧! 如果时间和能力允许,我将让《量子力学(少年版)》看到它的姊妹篇,如《相对论(少年版)》《热力学(少年版)》《电磁学(少年版)》……我一直有个愿望:想编一本物理学教科书,把物理学的概念置于其自身发展的历史背景中,看它的产生、演化、改进甚或被摒弃,还要讨论它的发展或应用的可能性。一句话,是幻想着用一个物理学创造者的眼光来看物理学,去学戴脚手架的物理学而非精致的、成体系的、被某些人误以为是正确的物理学。我恳请读者朋友不要把这少年版的物理学导论系列理解成通俗版的了,它包含的都是严肃的、应有的物理和数学,无意照顾任何人为的知识水平分档,但我相信它会被那些具有强烈求知欲的少年们所轻松理解。

本书写成目前这个不尽如人意的样子我也必须就此搁笔了,尽管还有许多量子力学的有趣内容未能包括进来。量子力学的内容太丰富,谁也不能指望在一本为少年准备的书中穷尽量子力学的所有内容。太多的内容会伤了少年朋友们的胃口。本书无论是形式上还是内容上,都肯定而非难免有许多可訾议处,因此诚请少年读者和专业同行批评指正。凭借你们的热心帮助,将来有机会修订的话,我将努力使此书趋于完善。

本书的创作得到了中国科学院科学传播局的支持。

曹则贤

2013 年 6 月 8 日开始

2016 年 2 月 9 日搁笔